太平洋戦争史に学ぶ
日本人の戦い方

ujii Hisashi

a pilot of wisdom

はじめに

古くから、「相手を知り、自分を知れば、敗北することはない」と説かれてきた（「知彼知己者、百戦不殆」『孫子』謀攻篇《へん》）。敵となる相手を知ることはさておき、自分を知ることは簡単そうに思われる。しかし、それは平穏無事な毎日を過ごしているからで、いざ我が身に生命の危険が迫ると、だれもが自分でも信じられない思考に陥り行動に出るものだ。これは国家や民族でも同じで、存亡の岐路に立つと浮き足立ったり、羅刹《らせつ》と化して悪逆非道の行ないもあえて辞さない姿に豹変《ひょうへん》しかねない。

そんな普通ではない状態の自分や相手を知るには、歴史、なかでも戦史に学ばなければならない。日本には幕末の戊辰《ぼしん》戦争以来、昭和二十（一九四五）年の敗戦まで格好の教材がそろっている。ところが日本人は、それに学ぼうという姿勢に欠けている。全否定するか、意味もなく礼讃《らいさん》するかの両極端に分かれているように思えてならない。どちらも歴史に学ぶという姿勢ではない。

これまた古くから、「敗者は屈辱に耐えつつ学習する」と語られてきたが、そうではない数少ない例外が日本人ではないかとも思う。本来ならば戦争中から、敵である連合軍の戦法・作戦や武器体系を学び、新たな対処法を編みだすことが求められていた。ところがほぼ終戦まで、歩兵学校など陸軍の実施学校では広漠地における対ソ作戦だけで教育が進められ、砲術学校など海軍の術科学校では起こりそうもない艦隊決戦の必勝を追求し続けていた。

どうして日本人は、過去に学ばないかと考えると、毎年前例を踏襲していれば食べていけるという農耕民族の特性からくるのだろう。また、成功体験が大きければ大きいほどその味を忘れられず、同じパターンで仕掛ける傾向がある。その結果、学習していた敵にしてやられて臍《ほぞ》をかむという構図だ。

そしてまた日本人には、目的と手段を混交させがちなところがある。ある目的のために戦うのだが、それがいつしか「戦うために戦う」という意識に陥る。これはぜひとも是正しなければならないこの民族の痼癖《こへき》だが、それを是正する最良の教材は戦史だと考えている。実際、日本が戦った戦争を扱った多くの戦史は、将来の日本に資する示唆に富むものばかりだ。

ただ、戦後世代の人の手によるものだろうが、「組織の自律性、自己変革」といった新しい概念を切り口とした戦史が目立つようになった。もちろん、それ自体は大きな意味を持つ。しかし、中核となって太平洋戦争を戦った人たちは明治生まれの明治育ちで、「トップ・ダウン」「ボトム・アップ」という言葉すら知らない。やはり彼らが幼いころから慣れ親しんだ『四書五経』や『武経七書』からアプローチしたほうが、当時を支配した思想や心情を理解しやすいだろう。そんな観点でまとめたものがこの拙著となる。

このような企画に賛同していただいた集英社の皆様、なかでも懇切丁寧な編集をしてくださった新書編集部の石戸谷奎《けい》氏、小山田悠哉氏には深謝申し上げたい。

目次

＊登場する軍人の略歴については、初出時に（出身道府県、陸軍士官学校／海軍兵学校卒業期、兵科／術科）という形で示した。たとえば、山本五十六の場合には（新潟、海兵三二期、砲術）となるが、これは「新潟県出身、海軍兵学校第三二期卒業、専門術科は砲術」という経歴を表している。

図版作成／ＭＯＴＨＥＲ

第一章　奇襲を好み、奇襲に弱い体質

完璧な奇襲を達成した真珠湾攻撃

個人の信念が形となった大作戦

太平洋戦争の戦端を開いた真珠湾攻撃は、その構想の壮大さ、大きな戦果などはさることながら、日本軍としては珍しい戦例となった。その特徴は、連合艦隊司令長官の山本五十六《いそろく》大将（新潟、海兵三二期、砲術）自身が着想し、リーダーシップを発揮してプロジェクトを推し進め、成功に導いたということにある。日本軍では床の間《とこま》の飾り物に徹するのが好ましい将帥像とされるが、彼はそうではない異色の存在だった。だからこそ、戦死した山本への追慕と重なって真珠湾攻撃が長く語り継がれることとなったのだろう。

海軍次官だった山本五十六が連合艦隊司令長官に転出したのは、昭和十四（一九三九）年八月だった。翌十五年三月、連合艦隊飛行作業（演習）が日向灘《ひゅうがなだ》で行なわれた。陸上攻撃機三六機を主力とする八一機が参加し、第一航空戦隊司令官の小沢治三郎《じさぶろう》少将（宮崎、海兵三七期、水雷）が機上から指揮するという大掛かりな演習だった。実際に訓練用の魚雷が第一戦隊（戦艦「長門《ながと》」「陸奥《むつ》」）に向けて発射された。とくに昼間の雷撃は凄《すさ》まじいもので、上空は機影で埋め尽くされ、目標となった戦艦の艦底を次々と魚雷が通過して行く。これを見た者は、「これからは戦艦も浮かんでいられないな」と語り合ったという。

旗艦「長門」の艦橋でこの演習を注視していた山本長官は、だれに言うのでもなく「(この方法で)ハワイの航空攻撃はできないものだろうか」と口にしたとされる。これを耳にした参謀長の福留繁《ふくとめしげる》少将(鳥取、海兵四〇期、航海)は、「航空攻撃をやれるくらいなら、全艦隊がハワイ近海に押しだした全力決戦がいいでしょう」と告げたという(福留繁『史観・真珠湾攻撃』自由アジア社、一九五五年)。ここまでならば、演習を見ての感想に止《とど》まり、真珠湾を航空奇襲して戦端を開くということにはならなかっただろう。

折しも昭和十五(一九四〇)年十一月、イタリア南部のタラント軍港にイタリア海軍の主力、戦艦六隻が入泊していることを偵知した英地中海艦隊は、これに対して夜間航空奇襲を敢行した。空母イラストリアスから発進した攻撃機二一機による雷爆撃によってイタリア戦艦三隻が航行不能となり、地中海の制海権はイギリスのものとなった。戦術的には水深の浅い港湾でも効果的な雷撃が可能だと立証されたことになる。

このタラント航空奇襲の成功が山本長官にどのような影響を与えたかは不明だ。しかし、これに触発されて真珠湾航空奇襲の研究を本格的に始めたと見るのが自然だろう。実際、昭和十六（一九四一）年一月初頭、山本長官は第一一航空艦隊参謀長の大西瀧治郎《たきじろう》少将（兵庫、海兵四〇期、航空）にハワイ航空攻撃の研究を個人的に依頼している。大西は中尉のときに水上機母艦「若宮」に乗り組んだ航空一筋の人で、霞ケ浦《かすみがうら》航空隊と航空本部で山本に仕えている。それ以来、山本は航空のことならばまず大西に相談するのを常としていた。

連合艦隊司令部での研究は、昭和十四年十月に海軍大学校教官から首席（先任）参謀に転出してきた黒島亀人《かめと》大佐（広島、海兵四四期、砲術）を主務者として進められた。黒島は先任参謀をもじって「仙人参謀」と呼ばれる奇人で、今で言う「引き籠もり」だった。そんな黒島と、ことのほかギャンブルを好む山本のコンビが生んだのが、非常に投機的な真珠湾攻撃だったと、批判的に語られる場合も多い。

しかし、正統派ではないこの二人にしろ、この開戦劈頭《へきとう》の奇襲によって戦争の帰趨《きすう》そのものが決まるとは考えていなかったはずだ。この奇襲の効果が物理的にも、心理的にも薄れないうちにマレー、スマトラ、ジャワなどの南方資源地帯を占領し、石油などの資源を内地に還送して戦力化し、戦争目的である「自存自衛」の態勢を確立する。本当の勝負はそれからだと認識していたはずだ。事実、昭和十六年五月に一応の成案を得た連合艦隊戦策（作戦計画）は、次のような常識的な線に収まっていたとされる。

一、好機を狙い、空母機動部隊が挺進《ていしん》、航空奇襲を敢行
二、南洋群島に展開する基地航空兵力による決戦
三、邀撃《ようげき》決戦海面は、マーシャル群島北方海域
四、前線航空戦の推移と島嶼《とうしょ》航空基地の攻防戦をめぐって艦隊決戦が生起しうるものとし、全般作戦を案画

昭和十六年八月中旬、連合艦隊と第一航空艦隊の参謀は軍令部を訪れ、真珠湾奇襲をもって対米英蘭戦の戦端を開く案を提起した。このとき、軍令部は初めて航空奇襲計画があることを知ったというから、連合艦隊がフライングぎみに計画を進めていたことがうかがえる。続いて九月中旬、毎年恒例の軍令部総長が統裁する作戦図演（図上演習）が終了してから、連合艦隊側の要望で軍令部第一部（作戦）の主要幕僚との協議が行なわれた。主なテーマはハワイ空襲についてであった。

このころは、軍令部の空気は真珠湾航空奇襲に否定的だった。その理由だが、ただでさ

え不足している航空戦力をハワイと南方に二分することの問題だった。台湾からマニラへ、ベトナムからシンガポールへの爆撃にはそれぞれ戦闘機の掩護《えんご》が必要であり、航続距離からこの方面にも有力な空母機動部隊の投入が必要と見られていた。また、空母機動部隊を東や西に動かせば、機密保持がむずかしくなることも大きな懸念材料だった。

ハワイ空襲の技術的な可能性を研究した大西瀧治郎と、実施部隊の第一航空艦隊参謀長だった草鹿《くさか》龍之介少将（石川、海兵四一期、砲術）は、二人そろって山本長官を訪ね、「成否は五分五分ですから、止《や》めたほうが賢明でしょう」と具申した。さらには、軍令部総長の永野修身《おさみ》大将（高知、海兵二八期、砲術）までが、「投機的できわどい作戦」と難色を示していたという。こうまで反対されると、普通の人ならば諦めて自説を引っ込めるところだが、山本長官は違った。

日本人によく見られる思潮だが、強い反対に遭うと論理や理屈の「理」ではなく、人情や情念の「情」に訴えることがある。それでも相手に受け入れてもらえないと、信念、信仰といった「信」を持ちだし、どこか神懸かってくる。さまざまに反対された山本長官は、ハワイ空襲で残る問題は「天佑神助《てんゆうしんじょ》」（天や神のたすけと加護）だけだとした。もし、この作戦が不成功に終わったならば、それは我に天佑神助がなかったことを意味するから、よろしく全作戦を取り止めるべきだと山本は論じ続けた。さらには、この計画が認可されなければ連合艦隊司令長官を辞任するという、ある種の恫喝までした。

本来ならば大元帥たる天皇を統帥面で輔翼《ほよく》する軍令部総長の永野修身が、投機的な作戦で戦端を開くことは日本の国家戦略にそぐわないと判断すれば、真珠湾奇襲作戦は中止となる。その後始末は山本長官の更迭など人事措置で収まる。ところが昭和十六年十月十九日、永野総長は、「山本にそれほどの自信があるのならば、やらせようではないか」との人情論に陥り、軍令部総長という重職の存在意義を忘れて認可した。

奇策を実現させた技術力

日本海軍は、奇襲を成立させるさまざまな構成要件を複合させることによって、戦史に残る真珠湾奇襲の成功を導いた。すなわち、攻撃を加える時と場所、投入する戦力の規模、機動や打撃する方向、そして技術的な要素だ。

日米交渉も押し詰まった昭和十六年十一月二十六日、米国務長官のコーデル・ハルは、駐米大使の野村吉三郎《きちさぶろう》（和歌山、海兵二六期、航海）に対し、中国および仏印（ベトナム）からの日本軍の撤兵、中国における治外法権の放棄、重慶政府の承認を求めるハル・

ノートを提示した。この翌日の二十七日、米海軍作戦部長のハロルド・スタークは、米太平洋艦隊司令長官のハズバンド・キンメルとハワイ方面陸軍司令官のウォルター・ショートに対し、「太平洋の情勢安定を求める対日交渉は終わった。日本の侵略行動はこの数日中に予期される」と警告している（サミュエル・E・モリソン『モリソンの太平洋海戦史』大谷内一夫訳、光人社、二〇〇三年）。これからして、「時」に関する戦略的な奇襲は成立しない情勢だったことになる。

しかし、昭和十六年十月から十二月初頭まで、世界の耳目は独ソ戦におけるモスクワ攻防戦に集まっており、極東情勢はつい忘れられがちだった。また、十二月に入ると太平洋や南シナ海の海象が厳しくなるから、なにをするにも翌年の三月まで待つはずだというのが一般的な情勢見積だったろう。

ところが昭和十六年四月、日本では新年度に入って連合艦隊が待機態勢となり、全艦艇がボイラーを焚《た》きだすと、一日に一万二〇〇〇トンもの燃料を消費するようになった。海軍省や軍令部などで一時間ほどの会議を終えると、だれもが「これでまた重油五〇〇〇トンが消えたか」と溜《た》め息《いき》をついていたという。このころ、海軍の総貯油量は六〇〇〇万トンだったから、とても三ヵ月も待てないとなり、十二月に飛びだしたことが奇襲成功をもたらした。

前述したスタークの警告では、日本軍はフィリピン諸島、タイ、マレー半島のクラ地峡、ボルネオに対する上陸作戦を行なう可能性があるとも指摘していた。しかし、なぜか真珠湾への攻撃を警告していない。そのため、これは日本に最初の一発を撃たせるために仕組まれた罠《わな》だとの陰謀史観が生まれる。だが実際には、米軍はハワイ奇襲への対処に十分な自信があったからだと見るほうが正しいように思う。

米海軍は、日本海軍の艦艇は攻撃力を重視して燃料搭載量を削ったため航続力を犠牲にしていることを知っていたから、ハワイ近海に頭を出すまでに数回の洋上給油を重ねなければならないと判断していたはずだ。洋上給油中は一〇ノット以下の低速で何隻かが固まるので、そこに捕捉のチャンスが生まれる。日本機動艦隊の接近を知っても迎撃する必要はない。艦隊を一斉に出港させ、あとは雲を霞《かすみ》と退避するだけでよい。タラント空襲の再現はならず、日本海軍入魂の一撃は空振りに終わり、不意打ちの汚名だけが残る結果となるだろうというわけだ。

米海軍がハワイ正面の航空哨戒網《しょうかいもう》が万全と思うのは無理もないが、連合艦隊の鬼才たちは盲点を探りだした。北緯四〇度沿いの東西は、ダッチハーバーとミッドウェーからの航空哨戒網がおよんでいない空白海域となっている。また、西経一六〇度沿いの南北は、ハワイからの航空哨戒網だけで一重となっている。当時、日本海軍は米海軍の航空哨戒網の実態をどこまでつかんでいたかは明らかではないが、哨戒に使っていたPBYカタリナ飛行艇の性能が航続距離二六〇〇浬《カイリ》（一浬＝一八五二メートル）、巡航一一〇ノットと知っていれば、おおよそのところは推察できよう（図1参照）。

この航空哨戒網を避けてハワイのほぼ真北にいたってから南下する。ハワイから張り出している哨戒区域に入る前、すなわちオアフ島まで七〇〇浬の海域で最後の洋上給油を終わらせ、そこから二四ノットでダッシュすれば、米軍に偵知される前にオアフ島まで二三〇浬の海域に到達することができ、真珠湾航空奇襲が成立する。

機動艦隊の出撃地を択捉島《えとろふとう》の単冠《ひとかっぷ》湾に設定すれば、ハワイ近海まで三五〇〇浬の航程となる。復路は最短の大圏航路を採るにしても、洋上給油なしで往復できるのは、空母三隻、戦艦二隻の五隻だけに止まる。洋上給油が不可欠だが、それを低気圧の墓場といわれる海域で、海象が厳しい十二月にできるかどうか、それが真珠湾航空奇襲の成否を握る鍵となる。

日本海軍には洋上給油の実績が十分にあったが、乾坤一擲《けんこんいってき》の作戦を前にして改めて荒天

図1　真珠湾攻撃の部隊航路

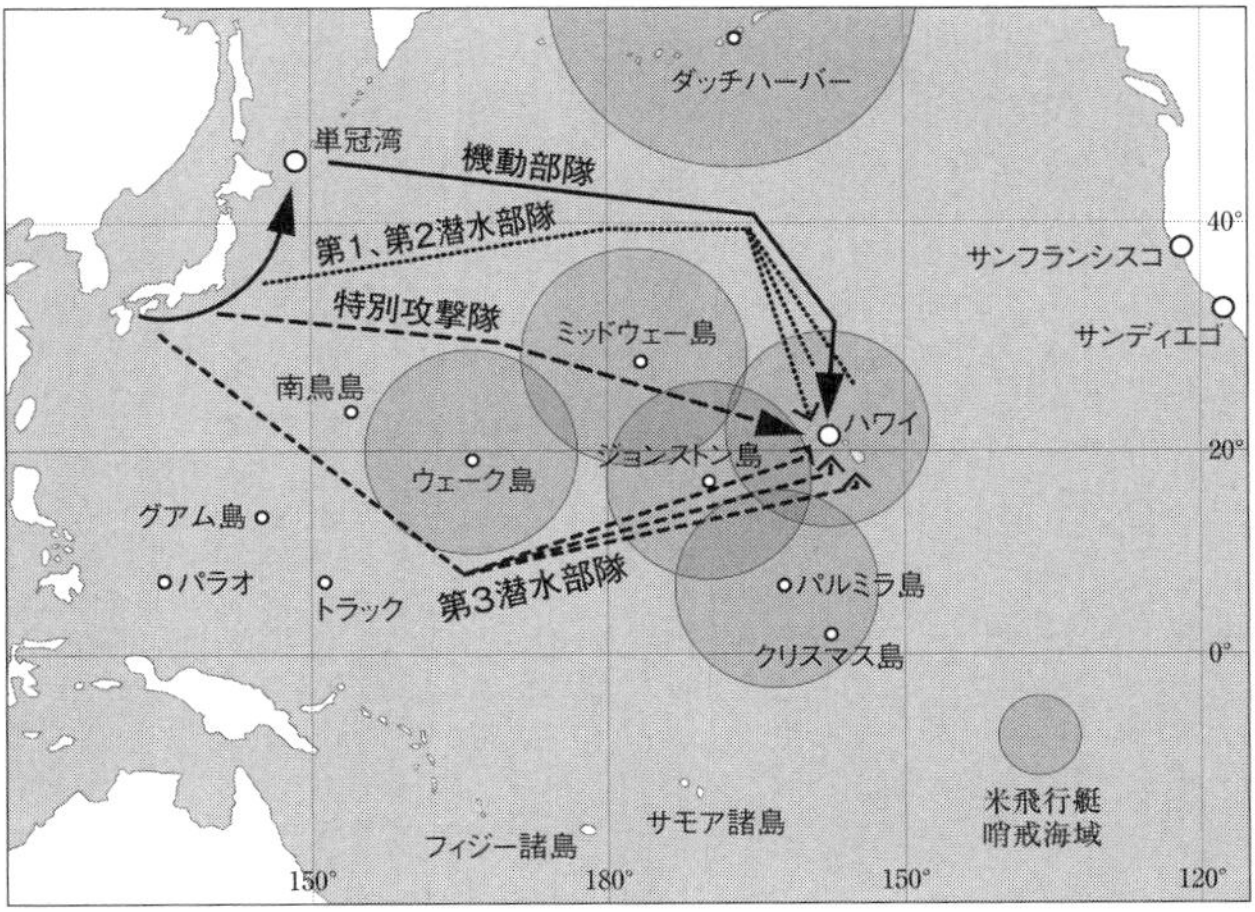

『史観・真珠湾攻撃』の図を元に作成

時の研究・訓練が始められた。その結果、大型艦艇への給油の場合、従来の給油船を前にしての縦曳《たてびき》を逆転させ、給油船を後ろにしての縦曳にすると、相当な荒天にも対応できることがわかった。小型艦艇の場合、従来の給油船を前にする縦曳、並航しての横曳《よこびき》のどちらでもよい結果が得られた。これらは海軍だけで解決したわけではなく、徴傭《ちようよう》された優良タンカーと、世界一と言われた徴傭船員の技量の賜《たまもの》だった。

一日のなかでいつ攻撃を開始するかも、奇襲が成功するかどうかに係わってくる。大きく分けて攻撃開始は夜間、黎明時《れいめい》、日の出以降に三分されよう。奇襲となれば夜襲で口火を切るのが模範解答だろうし、日本人はこれをことのほか好む。人間の注意力がどうしても散漫になる黎明時の攻撃も奇襲成功が期待できる。日の出以降の攻撃は、かなりの幸運に恵まれない限り奇襲成功とはならず、どうしても強襲（当初から強力な戦力を投入して敵を圧倒する力攻め）もしくは急襲（奇襲的な強襲）となるだろう。

日本海軍としては、奇襲を徹底的に追求したが、それがもっとも期待できる夜間攻撃はむずかしかった。ハワイの北方に張りだされている航空哨戒網の突破は夜間でなければ不安が残り、そこから真珠湾まで二三〇浬の発進点に到達するには一〇時間を要するから、夜間攻撃は無理となる。また、夜間攻撃を追求したくとも、夜間に発艦して編隊を組んでの進攻・夜襲を可能とする高練度の搭乗員ばかりではない。そこでやむを得ず日の出以降の攻撃となり、多少なりとも警戒がゆるむだろう日曜日の朝を狙うとなって、現地時間で十二月七日の決行となったわけだ。

技術的な要素も追求された。航空攻撃で敵戦艦を確実に撃破するには雷撃に限る。ところが真珠湾で戦艦の動静を観察していると、二隻ずつ横付けして係留するいわゆる「メザシ」の場合が目立つ。これでは海側の一隻が邪魔になって、陸側に係留されている戦艦には雷撃を加えることができない。そのため戦艦の水平防御甲板を貫通できる大型の徹甲爆弾が必要になる。ところが日本海軍が保有していた徹甲爆弾は五〇〇キロまでで、これでは戦艦の水平防御甲板を貫通できない。そこで重量一トンの一六インチ砲弾を爆弾に改造して流用することとなった。

魚雷については、より深刻な問題があった。昭和十（一九三五）年ごろの航空機による雷撃では、高度一〇〇メートル、一五〇ノットで投下された魚雷は、水深三〇メートルから一〇〇メートルにまで沈み込み、それから上《あ》げ舵《かじ》が利いて調定深度に浮き上がり、目標に向かって馳走《しそう》するというものだった。ところが真珠湾の水深は一四メートルほどだから、投下された魚雷は海底に激突して壊れるか、泥土に突き刺さってしまう。そこで着水時の姿勢角度をより浅いものにし、さらに魚雷にヒレを付けて、沈み込みは一二メートル以内としたことで、ようやく真珠湾内での雷撃が可能となった。この見込みが付いたのは、昭和十六年九月中旬、内地出撃の二ヵ月前のことだったという。

空母六隻、戦艦二隻を基幹とする機動部隊は南雲忠一《なぐもちゅういち》中将（山形、海兵三六期、水雷）司令長官の下、昭和十六年十一月二十六日に択捉島単冠湾を出撃した。往路は好天に恵まれ、洋上給油できなかったのは二日だけだった。また、たまたま米軍は飛行艇による航空哨戒をしていなかったため、機動部隊は発見されることなく、オアフ島まで二三〇浬の海域に忍び寄ることができた。戦略的な奇襲の成功だ。

真珠湾に殺到したのは戦爆雷合計三四〇機、一騎当千の搭乗員七四五人だった。奇襲に成功したこともあり、航空部隊はとてつもないスコアを叩《たた》きだした。日本側が推定した命中率では、雷撃は九〇パーセント超、急降下爆撃は六五パーセント、水平爆撃は二五パーセント超で、まさに神業だった。米軍の判定によると、戦艦五隻沈没、二隻中破、一隻小破、巡洋艦一隻と駆逐艦二隻が沈没などとされている。

政戦略的には「先手」よりも「後手」が上策

今日なお汚名として語られる「パールハーバー」

ハワイ空襲成功の報に日本中が沸き立った。その戦果もさることながら、奇襲に成功したということが日本人の心の琴線に触れたのだろう。日本で根強い人気を誇る軍記物の講談といえば、一《いち》の谷《たに》の合戦での源義経による鵯越《ひよどりごえ》のさか落としや、織田信長による桶狭《おけはざ》間《ま》の奇襲が十八番《おはこ》だ。豊臣秀吉による小田原攻めのように大軍で城を包囲して格の違いを見せつける横綱相撲よりも、「寡兵よく大軍を破る」ということにドラマ性を見出《みいだ》すのが日本人なのだろう。

実は日本人が奇襲を好む背景には、この民族特有な吝嗇《りんしょく》さが見え隠れしている。不意打ちすれば、経済的に安上がりで勝てるという打算だ。本来、軍事で言うところの「経済」とは、戦闘力の有効活用とか決勝点以外に使用する戦闘力を必要最小限に止めることの意だ。それと俗な銭勘定という意味での経済とが混同されて、少ない費用と手間で戦勝をものにすることこそ経済的かつ合理的な戦い方と受け止められ、その一つの方策として奇襲が推奨されるようになった。

よく「先手必勝」といわれるが、将棋や囲碁といった勝負事の世界でも、それは金言ではない。先に動いたために、こちらが意図するところが見破られ不利になる場合も多いはずだ。また、先に手を出したからといって、必ずしも主導権を握ったことにはならない。まして戦争ともなれば単なるゲームではなく、国家の威信や大義といったことが問題になるのだから、ただ闇雲に先に手を出せばよいというはずもない。これについて、武経七書(中国で兵法書の古典とされる『孫子』『呉子』『尉繚子《うつりょうし》』『六韜《りくとう》』『三略』『司馬法』『李衛《りえい》公問対《こうもんたい》』)の一つである『尉繚子』は、攻権篇で次のように説いている。

「凡挟義而戦者、貴従我起。争私結怨、応不得已。怨結雖起、待之。貴後。故争必当待之。息必当備之」＝［正義のための戦争ならば、敵の機先を制して立ち上がるべきだ。利害や怨みに関する戦いならば、やむを得ず立ち上がったという姿勢を崩さない。そして後手に回ることによって大義名分が立つ。とはいえ、平素から軍備は整備しておかなければならない］

これまた武経七書の一つ『呉子』の図国《とこく》篇では、戦争の原因として名誉、利益、積悪、内乱、因饑《いんき》（窮乏）の五つをあげており、それぞれに対応させる形で戦争の形態を義兵、強兵、剛兵、暴兵、逆兵とに分けている（『中国の思想第一〇巻　孫子・呉子』村山孚訳、徳間書店、一九六五年）。

日本が「大東亜戦争」と称して開戦に踏み切ったものは、このどれに当たるのか。国家の大義と名誉のために堂々と立ち上がった義兵であると言えるだろうか。事実を見つめれば、その実態はアメリカやイギリスの経済封鎖に遭い、日華事変という戦争を遂行できなくなったため、石油などの戦略物資を求めて南進したということだった。

とても「大義は我にあり」と言えないうえに、日本は奇襲をもって戦端を開いた。計画では第一次攻撃部隊の発艦開始が十二月七日午前六時（現地時間）、対米最終通牒《つうちょう》手交が午前七時三十分（ワシントン時間で七日午後一時）、攻撃開始は七時五十分としていた。ところが東京からワシントンに暗号で送信された最後通牒の解読やタイプが遅れ、野村吉三郎大使がハル国務長官に最終通牒を手交したのは、予定より一時間五分遅れの午後二時五分となり、攻撃開始の四五分後となった。あれは手違いだったと日本は弁解したいはずだ。しかし、もし手順通り最終通牒手交の二〇分後に投弾していたとしても、アメリカは攻撃部隊の空母発艦時をもって攻撃開始と主張するだろう。

真珠湾攻撃の翌日に開催された米上下院合同会議において、フランクリン・ルーズベルト大統領は対日戦教書を読み上げ、そのなかで真珠湾攻撃を「故意の不意打ち」と表現して強く非難した。そして上下両院は反対なし、棄権一で大統領教書を支持した。ヨーロッパの戦争に巻き込まれるのは御免だというそれまでのアメリカの世論が、真珠湾奇襲によって劇的に一変したことになる。

アメリカのメディアは、真珠湾奇襲を「背信的で邪悪な攻撃」（トレチャラス・スネーク・アタック）と最悪な表現で非難した。明治三十一（一八九八）年二月、キューバのハバナ港に停泊していた米戦艦メイン号が原因不明で爆沈したときには、「リメンバー・ザ・メイン」とのキャンペーンがなされ、結局は米西戦争となった。今度は「リメンバー・パールハーバー」だ。これでアメリカという巨大なボイラーに火が入り、手の付けようがなくなった。

真珠湾攻撃ももう半世紀以上も昔のこと、日本人のほとんどは時効だと思っていたはずだ。ところが奇襲された側は忘れていなかった。平成十三（二〇〇一）年九月十一日、米本土は同時多発テロに襲われた。するとアメリカでは官民を問わずこれをパールハーバーになぞらえる声明や評論が相次いだ。これに辟易《へきえき》した日本政府は、「今は友好関係にあるのだから、そう昔のことを蒸し返すのはいかがなものか」と申し入れたところ、米官民から「それももっともだ、もうパールハーバーとは言わない」と前向きな回答を得た。ところが今度は、「一九四一年十二月七日、あの日曜日の出来事」と言いだしたので、日本政府も憮然《ぶぜん》とするほかなかったという。

正統とはみなされない奇襲戦法

一般的に「奇襲」は英語で「サプライズ・アタック」となり、「人を驚かす攻撃」の意味となる。最近、日本では予想できなかった人事を「サプライズ人事」、奇抜な演出を「サプライズな演出」などと表現し、あまり暗いイメージではない。ところが東洋では、

「奇襲」はかなり悪い印象を与える言葉のようだ。

広く使われる熟語だが、「奇襲」の出典は明らかではない。その一般的な意味は、「奇計をめぐらし、突然、敵を攻撃すること」となっている。この「奇計」の出典は『漢書』の張良伝《ちょうりょうでん》で、「めずらしく、すぐれた、はかりごと」の意だ。この「奇」と、不意打ちをも意味する「襲」とが合わさって「奇襲」となったのだろう。この熟語が広く使われるようになるよりも前のものだからか、それとも戦争の道を説くのに適当でないからか、『武経七書』には「奇襲」という単語は見当たらない。

それでも、敵の意表を衝《つ》くことの重要性についての言及は多くある。『孫子』の始計篇ではこう説いている。「攻其無備、出其不意。此兵家之勢、不可先伝也」＝「敵の不備と意表を衝くのが戦術の要諦で、自在に運用すべきもの」。また、『尉繚子』の十二陵篇は、「攻在於意表」＝「攻むるは意表にあり」と端的に論じており、攻撃の本質は敵の意表を衝くことだと述べている（前掲『中国の思想第一〇巻　孫子・呉子』）。

日本の文化は長らく中国の強い影響下にあったからか、日本軍は奇襲を重視しつつも、それを表面に打ちだして推奨することはなかったように見受けられる。明治四十（一九〇七）年四月制定の『帝国国防方針』には、「作戦初動の威力を強大ならしめ速戦速決（即決）を主義とす」とある。これと対になる『帝国軍用兵綱領』には、「先制の利を占める」とあるが、どちらも「奇襲」という用語は使われていない。また昭和三（一九二八）年三月制定の『統帥綱領』には、「常に最善最妙の方策によりて敵軍の機先を制すること緊要なり」とあり、昭和十一（一九三六）年六月改定の『帝国国防方針』には、「有事に際しては機先を制して速《すみやか》に戦争の目的を達成する」とあった。

不意打ち、騙し討ち、はては「寝首を掻《か》く」と、どこか陰惨なイメージがある「奇襲」という用語をなるべく使わないような配慮が日本軍にはあったように見受けられる。また、奇襲は戦闘や戦術のレベルでの着意点であって、作戦や戦略レベルでは使わないという認識があったのかもしれない。

西欧列強の軍事思想に多大な影響をおよぼした、プロイセンのカール・フォン・クラウゼヴィッツによる『戦争論』は、奇襲（ユーバーファル）についてとくに一項を設けている。それによると、「奇襲は優勢確保の手段であるが、そればかりではなく、それが及ぼす精神的効果を通じて、それ自身独立した一要因となる」と説いている（クラウゼヴィッツ『戦争論』淡徳三郎訳、徳間書店、一九六五年）。この精神的効果を心理的効果と言い換えてもよいだろう。

奇襲は敵に心理的な効果をおよぼすとなれば、その効果の程度は相手によって異なり、一概にこうだと決めてかかることはできない。ロシア軍や中国軍のような相手ならば、その構成員がある種の運命論に支配されているため無感動で鈍重な体質とされるから、こちらが期待するような奇襲の効果は生まれない。

昭和十六年六月、バルバロッサ作戦と呼ばれるドイツ軍による巨大な奇襲に遭遇しても、ソ連軍は敗退こそ重ねたものの瓦解することはなかった。また、朝鮮戦争に介入した中国軍にとって、国連軍の絶大な砲兵火力や航空火力は奇襲となったが、彼らはそれにたじろぐことなく戦い続け、北朝鮮の保全という戦争目的を達成した。

これに対し、自国が複雑な国際関係のなかにあると意識しているような民意が高い国の国民は非常に敏感なため、奇襲されるとうろたえ、正常な判断力を失ってしまう。だから奇襲の効果は非常に期待できる。明治三（一八七〇）年七月から九月の普仏戦争や、昭和十五年五月の西方戦役時のフランスがその典型的な例だろう。実は日本人も情勢の動きに敏感なため、奇襲されると弱いと言える。

そして奇襲の効果はあくまで心理的な問題だから、時間の経過によってその効果は薄れていく。極端な場合、黎明時に奇襲されて混乱したとしても、日の出により敵味方の識別が肉眼でできるようになると、奇襲の効果が失われてしまう。また、奇襲されて苦戦に陥っても、味方の増援が到着すると、「見捨てられなかった」という安堵感《あんどかん》のほうが強くなり、かえって士気が高揚して奇襲の効果がなくなるといった場合も多いことだろう。

さらにクラウゼヴィッツの『戦争論』は、奇襲を次のように分析している。奇襲はあらゆる行動の基礎にあるが、作戦の性格や状況に応じて、その重要性の程度には違いが生じる。戦術のレベルでは、それが関係する時間や空間の範囲が比較的小さいから、奇襲が多く用いられる。しかし、政戦略のレベルになると、より大きな部隊を動かさなければならなくなるので、奇襲を行なうことが困難になる。投入部隊の規模や事前の準備が大掛かりになると機密の保全がむずかしくなり、奇襲は達成できなくなるからだ。

このことは、日本の戦国時代に引き写して見ることができる。永禄三（一五六〇）年五月、桶狭間の奇襲で大勝を博した織田信長だったが、それからの合戦では奇襲の策を採らなかった。常に正攻法であり、自陣を広く深く取り敵陣を圧迫する「位取りの戦法」に徹している。政治がからむ大規模な作戦では、奇襲は採るべきではないと本能的に知っていたようだ。そしてまた小細工による勝利では天下布武は達成できないと考えており、豊臣秀吉、徳川家康はそれを継承したということになるだろう。

奇襲されると狼狽《ろうばい》してしまう体質

東京初空襲の衝撃

真珠湾攻撃から生き残った米機動部隊は、積極的に一撃離脱のヒット・エンド・ラン戦法を反復して日本軍にプレッシャーをかけ続けていた。昭和十七（一九四二）年二月から三月にかけて、米機動部隊による空襲は、クェゼリン環礁、ラバウル沖、ウェーク島、南鳥島（マーカス島）、ラエ、サラモアと続き、日本本土にもおよぶ可能性が浮上してきた。改めて地球儀を俯瞰《ふかん》すると、北緯三〇度から五〇度、東経一五〇度から一七〇度までの海域には、西北端に千島列島の一部があるだけで、ほかは渺《びょう》とした海原が広がっている。米機動部隊が日本本土に突進してくるとなれば、この海域を通ると容易に判断できる。

そこで昭和十七年二月、日本海軍は遠洋漁船七〇隻を漁船員とともに徴傭し、第五艦隊の第二二戦隊に配属した。これによって南北に一八本の哨戒線を設定したが、その中央部は千葉県東端の犬吠埼《いぬぼうさき》から七二〇浬も張り出していた。この洋上哨戒幕に加え、千葉県木《き》更津《さらづ》、青森県三沢、南鳥島から半径六〇〇浬の航空哨戒も行なわれており、これで本土への奇襲に対処できるとされていた。

早くも昭和十六年十二月二十一日の米最高戦争会議で、ルーズベルト大統領は国民や全軍を鼓舞するため、日本本土に報復爆撃を加えるよう強く求めた。当時、東京を空襲するには空母を使うほかない。日本本土まで三〇〇浬の海域に忍び寄り、そこから艦載機を発進させて爆撃、これを収容して帰途に就くというものだ。開戦前ならば真珠湾奇襲のように成功するチャンスはあるだろうが、戦時となって警戒が厳重になっているから、奇襲成功のチャンスはごく限られたものになる。

そこで米海軍は、日本軍は本土から三〇〇浬にまで哨戒幕を張り出していると見積もり、四〇〇浬の位置で発艦させ、この一〇〇浬の差で奇襲を達成しようと考えた。ところがそうなると艦載機では往復できないので、陸上爆撃機のB25を投入するアイディアが生まれた。B25は全幅二〇メートルだから、どうにか空母から発艦できるが、着艦は無理だ。ではどうするかといえば、夜間に攻撃してから日本列島を縦断して東シナ海にいたり、昼間に浙江《せっこう》省にある中国軍の航空基地に着陸、給油して重慶に向かい、インド経由で帰還するという奇想天外な作戦が編みだされた。

大西洋から回航された空母ホーネットは、サンフランシスコでB25爆撃機一六機を積み込み、真珠湾を発進した空母ヨークタウンなどと洋上で会同、第一六機動部隊が編成された。西進する米第一六機動部隊は四月十八日早朝、北緯三六度、東経一五三度付近で日本軍の第二二戦隊に捕捉された。奇襲は失敗したかに見えたが、米軍は攻撃隊指揮官のジェームズ・ドーリットル中佐が搭乗する一番機を犬吠埼まで六四〇浬の位置から午前八時二十分に発進させ、後続機も断続的に発進した。一方、日本軍は本土まで三〇〇浬の位置まで接近しないと米航空機は発進できないはずだとの固定観念に支配されており、空襲は十九日に入ってからと見積もったため、迎撃はできなかった。

米爆撃部隊は編隊を組まずに各個に進入し、午後一時三十分に東京で投弾が始まり、横浜、横須賀、名古屋、神戸と散発的に続く。五〇〇ポンド（二五〇キロ）の通常爆弾三二発、集束テルミット焼夷弾《しょういだん》一六発が投下され、これによる日本側の被害は死傷者一四二人、家屋全焼二八〇戸だった。また、哨戒部隊の第二二戦隊での死傷者は五六人、海軍の索敵機二機が不時着して一一人が戦死している。

B25爆撃機は各機四三〇〇リットルの燃料を搭載していたが、浙江省まで二四〇〇浬を航破することはできず、ウラジオストク付近の飛行場に着陸した一機を除き、燃料切れのため不時着もしくは空中投棄された。奇策が成功したとは思えないが、宣伝効果は大きかった（キャロル・V・グラインズ『東京初空襲　アメリカ特攻作戦の記録』足達左京訳、彩流社、一九八二年）。

偶然にしろ出来すぎた話だが、この時に東條英機《とうじようひでき》首相兼陸相（岩手、陸士一七期、歩兵）の搭乗機がドーリットル中佐の搭乗機と遭遇している。空襲前日の四月十七日、東條首相は宇都宮師管区を視察し、翌十八日には陸相専用機で宇都宮飛行学校から水戸に向かい、航空通信学校を視察する予定だった。そして水戸の偕楽園《かいらくえん》上空を飛行中に、反航してくる見慣れぬ航空機が目に入った。同乗していた陸相秘書官の西浦進大佐（和歌山、陸士三四期、砲兵）は、胴体の白い星印とパイロットの顔を視認できたというから、かなり接近したことになる。これがもし衝突などしていたら、世界の戦史に残る椿事《ちんじ》となったことだろう（西浦進『昭和陸軍秘録　軍務局軍事課長の幻の証言』日本経済新聞出版社、二〇一四年）。

昭和十七年の三月から四月にかけては、海軍にとって微妙な時期だった。開戦から進攻作戦展開の第一期作戦の後段、いわゆる第二段作戦計画を詰めており、その計画の骨子は四月十五日に上奏、裁可されている。これには次のような三つの構想があった（福留繁『海軍の反省』日本出版協同、一九五一年）。

最初は、連合艦隊参謀長の宇垣纏《うがきまとめ》（岡山、海兵四〇期、砲術）が主唱するもので、艦

図2　ミッドウェー作戦

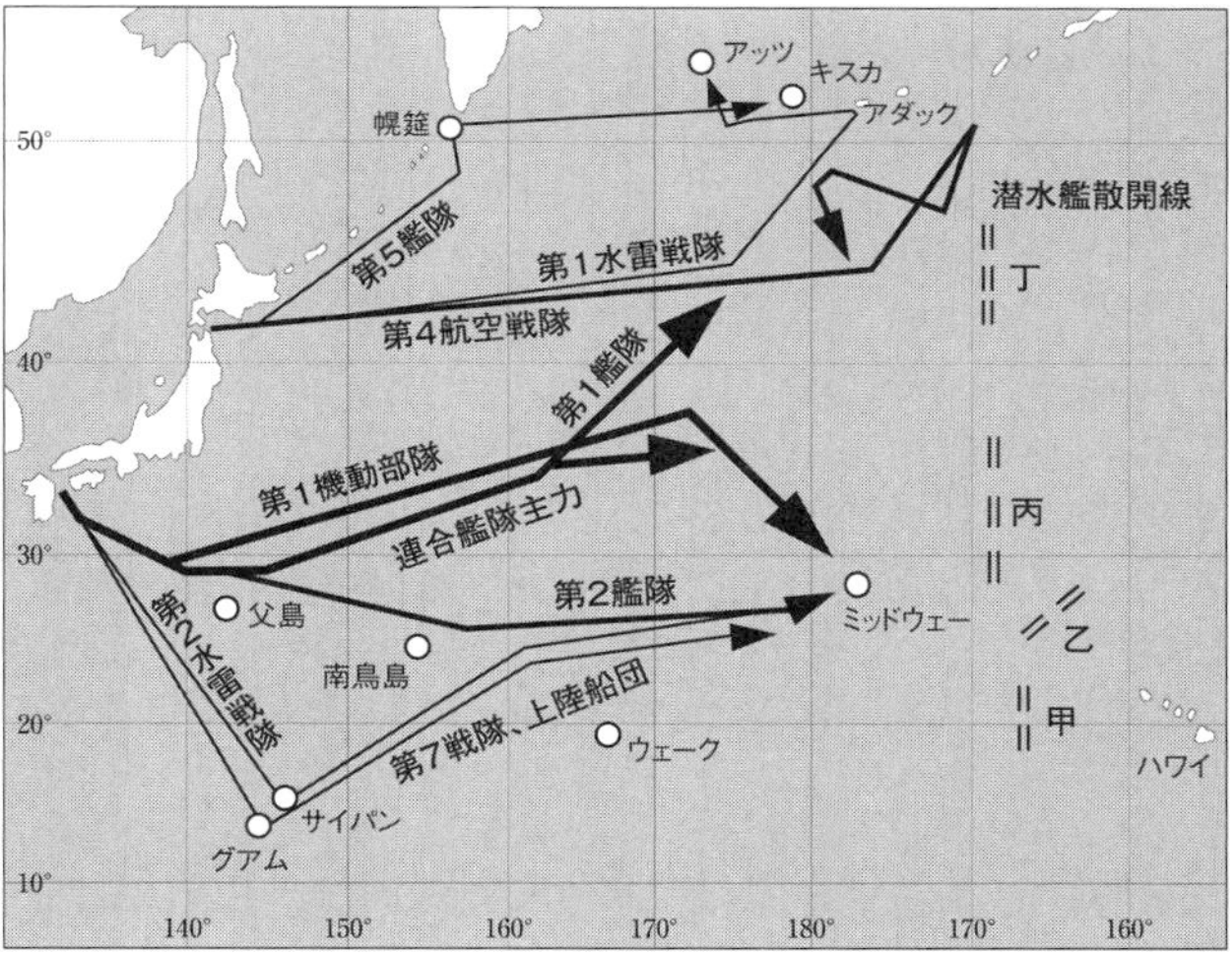

『ミッドウェー』（淵田美津雄、奥宮正武、朝日ソノラマ、1974年）の図を元に作成

隊決戦を求めつつ東に哨戒線を押し出し、米機動部隊の行動を封じ込めるというものだった。次が連合艦隊首席参謀の黒島亀人の構想で、西進してインド洋、さらに進んで中東でドイツと連携するという空想じみた構想だった。最後の一つは、軍令部第一部第一課長（作戦課長）だった富岡定俊《さだとし》大佐（長野、海兵四五期、航海）が提唱するもので、ソロモン諸島からさらに南下して、フィジー、サモアで米豪連絡線を遮断してオーストラリアを孤立させるというものだった。

この第二段作戦の戦略構想は、容

易にはまとまらないと見られていたが、そこへ帝都空襲という大きなショックが加えられた。とにかく航空奇襲対処という意味からも宇垣案が主流になり、昭和十七年五月五日に大本営海軍部は、「大海令」第一八号を発出し、ミッドウェー攻略のＭＩ作戦、アリューシャン列島攻略のＡＬ作戦の実施が決定された。

そして連合艦隊は全力でミッドウェーに向けて押しだしたが、米軍は無線傍受と暗号解読によってその動きを正確に捉えており、待ち伏せによる奇襲を成功させた。六月五日からのミッドウェー海戦では、奇襲された日本軍は空母四隻沈没、搭載機二八五機全機喪失、練達した搭乗員二一五人を失うという大敗を喫した。「大きな作戦は同じパターンで繰り返すな」「奇襲を好む者は奇襲に弱い」ということが如実に証明される結果となってしまった。同時にいかなる名将でも、成功体験から抜け出せないとの例証でもある（図2参照、淵田美津雄、奥宮正武『ミッドウェー』朝日ソノラマ、一九七四年）。

東京初空襲は、中国戦線にも大きな影響を与えた。実は日本側が記録しているだけでも、中国軍機が日本本土上空に侵入したことが三回あった。また、昭和十三（一九三八）年二月と十四年二月の二回にわたり、台湾の台北《タイペイ》と新竹《シンチュー》の航空基地が中国軍機に奇襲されている。どれもが浙江省や江西《こうせい》省の基地から発進したとしか考えられない。そして今度は米軍機が飛来するとなると、浙江省から江西省にかけての航空基地群を中継地とする対日戦略爆撃が恒常化しかねないという話になった。

そこで大本営陸軍部は、早くも昭和十七年四月三十日、支那派遣軍に「大陸命」第六二一号を発出し、この方面の敵航空基地の覆滅を命令した。この作戦の構想は、東は杭州《こうしゅう》西南から第一三軍、西は南昌《なんしょう》付近から第一一軍が第一飛行団の支援を受けて中国第三戦区軍を攻撃、浙贛線《せっかん》（杭州〜南昌〜株洲《しゅしゅう》）を打通（攻撃して通行を可能にすること）してその沿線の航空基地を破壊するというものだった。投入兵力は、第一三軍と第一一軍の二個軍、合わせて五万人を超え、対中五大作戦の一つとなった。

なぜわずか一六機の中型爆撃機による攻撃が、東はミッドウェー、西は長江にまで日本の戦域を広げさせたのか。それは奇襲されたという衝撃、そして帝都上空に敵機が飛来したというショックによるものだった。宮城《きゅうじょう》の上空を航空機が通過するだけでも、絶対にあってはならないこととされた時代だ。これは重大な責任問題であり、海軍では連合艦隊司令長官、陸軍では防衛総司令官の責任問題に発展する。しかも、このときの防衛総司令官は皇族の東久邇宮稔彦《ひがしくにのみやなるひこ》大将（京都、陸士二〇期、歩兵）だったから、話は込み入ってくる。そこで広く奇襲の再発を防止するため、努力していることを大袈裟《おおげさ》なまでに形にして見せなければならなくなったということだろう。

航空奇襲に脅える連合艦隊

戦況も有利、戦力的にも優勢な立場にあるのに、帝都空襲という蜂の一刺しに遭うと浮き足立ってあれこれやりだすとは、いかにも日本人らしい話だ。これが戦力的に劣勢となり、奇襲の連打を浴びると、精神の平衡が保てず狼狽し、いよいよ動きが支離滅裂になる。これまた日本人の戦い方の特徴だ。この典型的な戦例が昭和十九(一九四四)年二月十七日からのトラック空襲、続く同年三月三十日からのパラオ空襲だった。

昭和十七年八月末から連合艦隊主力は、カロリン諸島のトラック環礁を前進基地としていた。ここは東京湾まで一八二〇浬、マーシャル諸島のクェゼリンまで九五〇浬、サイパンまで六〇〇浬の位置にあり、そして南方八四〇浬のラバウルが掩護のための前進拠点となる。トラック環礁は直径六五キロという広大な礁湖を抱え、礁湖内で戦艦の艦砲射撃も可能だった。ところが夏島と竹島の間に設けられたトラック港には、大型船舶が接岸できる埠頭《ふとう》がなかったため荷揚げ作業が滞り、船舶が滞留しがちだった。

日米両軍の間合いが詰まってくると、しだいに大本営海軍部のなかで連合艦隊主力の待機位置がトラック環礁でよいのかという論議が持ち上がった。奇襲されかねないとの懸念からだ。また、相次ぐタンカーの喪失でトラックへの燃料補給が心細くなっていた。さらには、B24爆撃機による高高度爆撃が恒常化したならば対応できない。そこで適正な間合いを取るため、連合艦隊主力のトラックからの撤収が検討された。

そんな情勢のなかの昭和十九年一月七日、米大型機がトラック環礁上空に飛来した。「それっ写真偵察だ、奇襲される」と色めき立った連合艦隊は、まずその一部をパラオ経由でシンガポール南方のリンガ諸島に向かわせることとし、一月三十日にトラックを出港したが、主力は二月八日に天皇が差遣することになっていた侍従武官を迎えるためトラックで待機することとなった。ところが二月一日、米軍はマーシャル群島のクェゼリンとメジュロに上陸してきた。そして二月四日には再び米軍機がトラック環礁に飛来する。確実に攻撃されると判断され、二月十四日に旗艦「武蔵《むさし》」は横須賀へ、ほかは西へ一一〇〇浬のパラオに向かうこととなった。

二月十五日、通信傍受によって米機動部隊が西進中であることが確認され、翌十六日の黎明時にトラック環礁が空襲される公算大だとなり、十六日午前三時三十分にトラック環礁に最高度の第一警戒配備が発令された。ところが敵襲もなく日の出を無事に迎えたため、午前八時には第二警戒配備となり、午前十時三十分には第三警戒配備にまでゆるめられた。どうして第一線なのに警戒をすぐゆるめるのかと疑問に思うのだが、それはトラックに限らず、海軍の多くの拠点は将兵向けの歓楽街となっていたことが関係している。警戒を厳重にして上陸（外泊）止めをすると不満の声が大きくなり、さまざまな問題が起きかねない。そんなことで早くも十六日には、航空機搭乗員も含め多くは上陸が許されていた。

翌十七日の午前五時、黎明時に第一波一〇〇機による航空奇襲がトラック環礁に加えられた。そしてこの日、午後五時までに合計九波、四五〇機による攻撃が続いた。さらに翌十八日の午前中からは、戦艦による艦砲射撃までが加わった。これがアメリカが言うところのパールハーバー奇襲に対する報復だった。

ちょうどこの十七日、上京した連合艦隊司令長官の古賀峯一《みねいち》大将（佐賀、海兵三四期、砲術）は、軍令部や海軍省とトラックの防備強化について協議中だった。また、現地部隊と協議のためラバウルに向かっていた参謀次長の秦《はた》彦三郎中将（三重、陸士二四期、歩兵）ら一行はトラックに足止めされていたため、空襲の一部始終を望見しており、陸軍もその実情をいち早く知るところとなった。

事実関係が明らかになった戦後にいたっても、この連合艦隊の退避は米軍の空襲に肩透かしを食らわせたと評価する識者も多かった。しかしそうだとしても、肩透かしだけでは戦争に勝てないし、連合艦隊に見捨てられたために生じた損害は甚大なものだった。艦艇一〇隻沈没、五隻損傷、航空機二九〇機損失は大打撃だ。一万七〇〇〇トンの重油を備蓄していたタンク三基と糧食二〇〇〇トンが炎上したことも大きな痛手だったし、この一撃でトラック環礁の基地機能を失ったことは、日本にとって致命傷になった。

そして日本の生命線である船舶の喪失だ。このトラック空襲によって日本は、輸送船三二隻・一九万九〇〇〇総トンを失った（A船＝陸軍徴傭船四隻・一万九〇〇〇総トン、B船＝海軍徴傭船二八隻・一八万総トン）。これは、当時の日本の国力ではリカバリーできない損失だった。そこで生じてくるのが陸海軍による船舶の奪い合いだ。これを放置していれば、南方資源を内地に還送しているC船（民需徴傭船）にしわ寄せがきてしまい、戦略態勢そのものが揺らぐ。

これほどまでの大損害を被ったトラック空襲は「T事件」と呼ばれ、海軍省人事局が中心となって査問が進められた。この査問の対象は作戦準備、作戦実施から服務の状況にまでおよんだ。ところが身内の非を暴くことを避けたがる海軍の体質から査問は徹底されなかったため、新たな奇襲対処策が講じられることはなく、すぐに同じようなことが繰り返されて大損害を被る結果となる。昭和十九年三月三十日のパラオ空襲がそれだ。

パラオ諸島のコロール島とマカラカル島には、外航船舶が接岸できる埠頭が三ヵ所あった。パラオは主に台湾の高雄《たかお》と結ばれていて、カリマンタンの油田地帯とも直接連絡し、西部ニューギニアや中部太平洋方面に向けての補給中継港になっていた。トラックの次はパラオが航空攻撃されるのはわかり切ったことだというのは、結果を知っている今だから言えることだ。当時は「あそこも怖い、こっちも怪しい」と地図の上をさ迷っていたのが実情で、それが防勢に回ったときの辛さというものだ。

連合艦隊は無線傍受で敵情をつかみ、三月二十七日に警報を発した。続いて二十七日から二十八日にかけて、ビスマーク諸島やニューギニア北西で偵察機が米機動部隊と触接しだした。米軍の行動にも習慣性が現れたので、三十日にパラオ空襲必至と判断された。そこで二十九日に入ると在パラオの艦艇は第二警戒配備とし、一六ノット・一五分待機(一五分以内に一六ノットが出せるように機関を準備)の態勢としたが、黎明時の攻撃がなかったため、午前六時四十五分に第三警戒配備とし、機関の待機を解除した。

続いて二十九日午前十一時五十四分、再び一六ノット・一五分待機とし、出港準備に入った。午後二時三十五分に、連合艦隊司令部は戦艦「武蔵」を下艦し、陸上に移った。そして午後五時から各艦は港外に退避し始めた。このとき、水道を抜けて外海に出た戦艦「武蔵」は艦首に雷撃を受けた。対空兵装の改修も必要だったため、戦艦「武蔵」は呉《くれ》に向かい、連合艦隊主力はシンガポール南方のリンガ諸島に向かった。そして予想された通り、三十日午前五時三十分から空襲が始まり、同日午後五時三十分まで延べ四五六機による空爆が加えられた。

これでパラオの基地機能は失われたとされ、連合艦隊司令部は三十一日午後八時に飛行艇でパラオを出発、ミンダナオ島ダバオに向かった。ところが古賀峯一長官が乗った一番機は低気圧に巻き込まれた模様で行方不明、福留繁参謀長が乗った二番機はセブ島付近に不時着、福留以下九人が米軍側ゲリラ部隊の捕虜となり、掃討作戦中の陸軍部隊に救出されるという椿事が起きた。これが昭和十八（一九四三）年四月の山本五十六長官戦死の「海軍甲事件」に続く「海軍乙事件」と呼ばれるものだ。

ここでもまた連合艦隊は敵に肩透かしを食わせたことにはなるが、トラックの場合と同じく港内に取り残された艦艇や船舶は甚大な損害を被った。艦艇は六隻沈没し、とりわけ工作特務艦「明石」、給油特務艦「大瀬」「佐多」「石廊《いろう》」の損失は日本にとって大きな痛手となった。艦艇乗員と基地隊員の死傷者・行方不明は合計二四六人とされる。航空機の損失は一四七機、対する米軍の損害は二五機だった。船舶の被害だが、二一隻・八万四〇〇〇総トンを失った。とくに特設工作船「浦上丸」、大型タンカー「あまつ丸」「あけぼの丸」「あさしほ丸」の損失は、給油特務艦三隻の喪失と合わせ、海軍の作戦基盤そのものを大きく揺るがすものだった。

なぜ、空襲されるとわかっていながらトラック空襲の二の舞いを演じてしまったのか。学習能力がないということだが、それだけでは済まない問題もあった。まず、A船は陸軍の船舶司令部が全体の統制をしており、海軍の根拠地隊などが即時出港を指示してもそれに従わない場合が生じる。また、物資の積み卸しが完了しなければ出港しないのが徴傭船員の心意気だから、空襲だといわれても退避を渋る場合も多い。さらに外海に出るには狭水道を通過しなければならないが、夜間の通峡に自信がある船長ばかりではない。しかも、水道の出入り口には敵潜水艦が待ち受けているとなると、どこにいても同じことと悲観的な運命論者になるのも無理からぬことだった。

複合的な奇襲を展開した米軍

物量と技術に裏付けられた米軍の重層的な奇襲

アメリカが本格的な戦争計画の立案を始めたのは、ルーズベルト大統領が「アメリカの潜在的敵国に勝つために必要な全軍需生産量」の見積を求めた昭和十六年七月だったとされ、その実務責任者がアルバート・ウェデマイヤー陸軍少佐だった。この調査を発展させたものが「ヴィクトリー・プログラム」(勝利の計画)で、同年九月末に成案を得て大統領に提出されたという。そして日米開戦の直前にこの計画がメディアにスクープされ、全世界が知るところとなった。計画の概要は次のようなものだった(アルバート・C・ウェデマイヤー『ウェデマイヤー回想録　第二次大戦に勝者なし』妹尾作太男訳、読売新聞社、一九六七年。『現代史資料36　太平洋戦争3』みすず書房、一九六九年)。

当時、アメリカの総人口は一億三五〇〇万人だったが、その一〇パーセントを軍事動員する。想定する戦争の継続期間は三年を限界とする。枢軸国に対しては攻勢作戦を採り、そのため枢軸国の三倍の戦力を整備する。人的戦力の補填には航空戦力を充てる。現在の自動車産業を航空機産業に転換すれば、十分な航空戦力を整備できるという内容だ。

昭和十三年の時点でアメリカ保有の商船は、合計一一四〇万総トンだった。ヨーロッパに五〇〇万人の遠征軍を送るとなると、その輸送と補給のためには、損耗を考慮すれば一八〇〇万総トンの船舶を新造しなければならないと試算された。さらに海軍向けの艦艇一四三万排水トンの建造も求められた。ちなみに日本が戦時中に新造した船舶は二五一万総トン、主要艦艇八九万排水トンだった。

これらの計画の基盤となるのが鉄鋼の生産量だ。昭和十三年のアメリカの鉄鋼生産量は二八八一万トンだった。アメリカは国際情勢の緊迫化に伴い生産量を増加させ、日米開戦の昭和十六年には七五一五万トンになっていた。アメリカの戦争計画によると、決戦の年と設定した昭和十九年に鉄鋼一億トン生産を達成すれば、不敗の態勢が確立するとしていた。ところが現実にはあきれることに、すでに昭和十八年から戦後を見据えて生産調整を始めており、年間最大生産量は昭和十九年の八一三二万トンに止まった。ちなみに日本の鉄鋼生産のピークは昭和十八年で七八二万トンだった（国際連合統計部編『世界統計年鑑一九五二年版』東京教育研究所、一九五三年）。

アメリカに独特な戦争哲学があるとすれば、勝利は国民の血によって得るものではなく、納税されたドルによって手にした物量で敵を圧倒して得るものだという考え方だ。それだから、採算が合うのかと相手が首を傾《かし》げるような大砲爆撃を行なう。そしてそれ自体が相手にとっては奇襲となる。

ガダルカナルに始まる米軍の反攻では、既存の敵航空基地や造成に適した場所を求めて攻め上がってくるから、陸上戦闘機の行動半径の外縁部が次なる進攻地域だと読むことができる。しかも当初の米軍は、島伝いに進攻する「アイランド・ホッピング」といった作戦を採っていたから、それなりの見積は可能だった。ところがそれが蛙飛《かえると》びに躍進する「リープ・フロッギング」に発展すると、こちらは読めなくなる。素通りやバイパス（迂《う》回《かい》）という要素が加わるからだ。入学試験や資格試験でよく見られる四択問題にゼロ解答、正解なしが加わったのと同じことで、これも奇襲効果を生む。

実際に日本軍が防備を固めたウェーク、ポナペ、トラック、メレヨン、ヤップ、そしてラバウルがバイパスされた。それに対して日本軍があまり関心を寄せていなかったアドミラルティー諸島のマヌス島、ヤップ島付近のウルシー環礁、ハルマヘラ島の北のモロタイ島に米軍は来攻し、ここをフィリピン、沖縄進攻の前進拠点とした。ここでもまた日本は戦略的に奇襲されたことになる。

そして日本軍にとって戦術的な奇襲となったのは、米軍による航空基地造成の迅速さだった。日本軍はスコップとツルハシ、手押しの一輪車にリヤカーといったオール・マンパワーの人海戦術しかなく、戦闘機が離発着できるようになるまで四ヵ月はかかっていた。

ところが米軍は、パワーショベル、ブルドーザー、ダンプトラックに代表される土木器材を駆使し、早ければ一週間で飛行場を造修してしまう。たとえば、米軍のレイテ上陸は昭和十九年十月二十日だったが、十月中にはタクロバン基地に陸上戦闘機が進出している。

このような事態は、早くに予想できたはずだ。開戦早々に日本軍は米軍が駐留していたウェーク島とグアム島を占領して、少数ながら各種の土木器材を鹵獲《ろかく》し、捕虜から構造や操作も教わっていた。そしてそれを内地に送ってコピーしようとしたが、形はできてもすぐに使いものにならなくなった。これら土木器材を製造するには、マンガンを多量に含む非常に硬いハットフィールド鋼の冶金《やきん》・鋳造技術をものにしなければならないからだ。

土木器材があれば、熱帯でもすぐさま野戦飛行場を造成できるというわけでもない。米軍は整地が終わると、そこにココヤシの実の繊維で編んだクッションを敷き詰め、その上に穴開き鉄板を置いていく。こうすれば多雨地帯でも土砂の侵食が押さえられ、一定期間にせよ滑走路の機能が維持できる。このようなきめ細かい施策があって初めて技術的な奇襲が形になる。

海浜への迅速な揚陸も技術的な奇襲であり、これは戦略的な奇襲へと発展した。それまでの上陸作戦は、重装備や物資を揚陸するため、上陸地域は付近に港湾がある場所に設定されていた。相手もそのような事情は先刻承知だから、上陸場所に関する奇襲は無理となる。ところが港湾に頼らない上陸作戦が可能となると、そこに奇襲が成立する。

海浜へ直接上陸するハードは、日本陸軍が開発した「大発」（大発動艇）から始まるものだった。そのメカニズムは、揚陸海浜に接近すると船尾錨《せんびびょう》（ケッジ・アンカー）を投入し、錨鎖《びょうさ》を繰り出しながら前進して海浜に乗り上げて擱座《かくざ》（達着）させる。そして艇首の道板を倒して兵員や車両を揚陸する。そして今度は錨鎖を巻き上げながら後進して離岸、船尾錨を揚げて反転し、輸送船に戻って再び兵員などを搭載してまた揚陸海浜に向かうというものだった。

このようなメカニズムを持つ揚陸艦艇を八〇〇〇排水トンの大型から九排水トンの小型まで各種サイズで建造して、兵員はもとよりほぼすべての装備や補給品を直接海浜に送り込むことを可能にしたのが米軍だった。昭和十九年六月の連合軍によるノルマンディー上陸作戦では、この技術的奇襲が作戦成功の決め手だった。

学界を巻き込んだ技術的奇襲の追求

各国とも技術的な奇襲をハードとソフトの両面から追求し続けて今日にいたっている。

とくに第二次世界大戦からは、軍事上の技術革新は軍や産業界だけでは達成できないものになり、学界の助力を仰ぐケースが多くなってきた。レーダー、ソナー、弾道ミサイル、精密誘導、作戦分析（ＯＲ＝オペレーションズ・リサーチ）といったものは、学界の積極的な協力がなければ形にならなかっただろう。第二次世界大戦におけるその到達点は、物理や化学分野でのノーベル賞クラスの研究者を結集させ、昭和十七年八月から二〇億ドル（現貨幣価値換算で二七〇億ドル）の巨費を投じたマンハッタン計画によって誕生した核兵器だった。

参戦不可避と判断したアメリカは、軍事技術開発プロジェクトを統括する国防研究委員会を昭和十五年六月に設けた。同委員会が発足するとすぐに産業界と学界に協力が要請された。いわゆる「軍産学複合体」の始まりだ。さまざまな研究分野が学界に提示されたが、ハーバード大学化学学部の有機化学講座が参加することになったのは軍用火薬の分野で、そのなかでも焼夷剤の研究開発が進められることとなった。

それまでの焼夷弾は、ドイツやイギリスが開発したテルミット焼夷弾だった。これはアルミニウムと酸化鉄の粉末を混合したもので、マグネシウムで点火すると、アルミニウムの酸化と酸化鉄の還元という化学反応が起きて二〇〇〇度を超える高熱を発し、鉄骨も焼き切る。ハーバード大学の分析によると、テルミット焼夷弾は木材を使った一般建造物を炎上させるのには過剰な熱量が発生するとした。そこでゲル状（液状のものが流動性を失って固化したもの）のガソリンを散布して点火すれば瞬間的に一一〇〇度に達するから、それを目標に付着させて炎上させるほうが効率的で、人間に対しても効果抜群だという悪魔的な発想が生まれた。

では、どうやってガソリンをゲル状にするのか。ハーバード大学の教室で試行錯誤した末、ラウリン酸（飽和脂肪酸）を多く含むヤシ油（パーム油）やココナッツ・オイルに、石油精製時の副産物として得られる飽和炭化水素のアルミニウム・ナフテン酸塩を混合して得られる金属石鹸《せっけん》をガソリンに添加すると、粘度の高いゲル化燃料が得られることが解明された。これがすなわち「ナパーム」だ。

焼夷剤の研究が進むと、量産を視野に入れたデュポン社がプロジェクトに参入し、焼夷弾用のゲル化燃料を開発して受注した。これを充填する弾体はスタンダード・オイル社が設計したものが採用され、六ポンドのM69焼夷弾が完成した。これを三八発集束したものが五〇〇ポンドのE28／46焼夷弾だ。日本本土の六〇都市、四三八平方キロを焼け野原にしたのがこれらの焼夷弾だった。

ハーバード大学で研究、開発されたナパームは、集束焼夷弾には採用されなかったが幅広い用途で活用された。例えば火炎放射器の燃料に使われた。火炎放射器は第一次世界大戦でも使用されたが、ガソリンを燃料にしたものはなかなか効果的な兵器とはならなかった。放射距離が一五メートルほどと短く、重い放射器を背負ってそこまで敵に接近することがむずかしい。そこで放射距離を伸ばそうと放射圧力を高めると、先端部分が霧状になって逆に放射距離が縮まってしまう。また、気圧の関係で火炎はトーチカの銃眼から内部に吹き込まなかった。

ところがナパームを燃料に使うと、状況は一変した。着火したナパームを放射すると、上昇気流やジェット効果が生まれ、放射距離は単なるガソリンの場合より三倍の四五メートルにも伸びた。加えて質量が高まったからか、銃眼からトーチカ内部に火炎が吹き込むようにもなった。しかもナパームの飛沫《ひまつ》は、目標にしっかりと付着して燃焼し続ける。そのため最強の対人兵器と評価された。これもまた日本にとっては残酷きわまりない技術的な奇襲となった。

連合軍がナパームを火炎放射器の燃料に使いだしたのは、昭和十八年七月のシシリー島攻略戦からであり、太平洋戦線では同年十二月、ニューブリテン島付近が最初だったとされる。火炎放射器を搭載する戦車が登場すると、ナパームはさらなる威力を発揮することとなった。ルソン、硫黄島《いおうとう》、沖縄の戦場で火炎放射器を搭載した戦車が投入されなければ、日本軍はさらに長期にわたって持久できただろう。

昭和十九年に入ると米軍の前線航空基地にも粉末のナパーム製剤が配布されるようになり、現地でナパーム焼夷弾が製造されるようになった。ナパームを航空機用の燃料増槽に充填し、白燐弾《はくりんだん》を付けて投下すると、地面を転がりながら火炎を撒《ま》き散らし、あらゆるものを焼き尽くした。ヨーロッパ戦線では同年六月のノルマンディー上陸作戦時からこの応急的なナパーム焼夷弾が使用され、太平洋戦線では同年七月のテニアン戦から使用されだした。

そしてこのナパーム焼夷弾は、朝鮮戦争、ベトナム戦争、中東戦争でも広く使われ続け、その火炎攻撃は人道問題にまで発展した。世界で有数の知性的な集団であるハーバード大学が、とんでもない怪物を生んでしまったことになる。ハーバード大学だけに限った金額だろうが、このナパームの開発経費は一五二〇万ドルだったという（ロバート・M・ニーア『ナパーム空爆史　日本人をもっとも多く殺した兵器』田口俊樹訳、太田出版、二〇一六年）。

日本陸軍でも工兵の器材として火炎放射器は重視されていた。満州とソ連の国境地帯に広がるソ連軍のトーチカ陣地を攻撃するのに不可欠な兵器とされ、フランスの技術をもとにして個人携行型や装甲作業車搭載型の研究開発が進められていた。もちろん日本でも放射距離が思うようには伸びないなどの壁にぶつかっていた。

そこで日本は燃料の改善に努めた。火炎の持続のための重油、火力発揮のための灯油、点火のためのガソリンを混合したものを火炎放射器の燃料とした。トーチカの銃眼に対する火炎放射の場合、まず着火していない燃料を注ぎ込んでおいてから、火炎で点火すれば爆発的に炎上するように、引き金を二段式にした（日本兵器工業会編『陸戦兵器総覧』図書出版社、一九七七年）。

しかし、そのような工夫も飛躍的な性能の向上には結び付かなかった。やはり燃料の根本的な改良が必要だったが、有機化学の基礎研究が進んでいなかったので、ガソリンをゲル化するという発想すら持ち得なかったためだ。有機化学に限らずあらゆる分野で基礎研究を疎《おろそ》かにするのがこの日本だが、それによって日本はナパームという技術的な奇襲に遭い、決定的な結果がもたらされることになった。

第二章　一時の戦勝から生まれた妄想の迷走

緒戦の勝利とスローガンがもたらした熱狂

勝者は学ばないことを立証した日本

国の記念日や祝祭日に合わせて大きな作戦を敢行するということは、どの国でもよく見られる。たとえば第一章で述べた英海軍によるイタリア軍港のタラント空襲は、もともと昭和十五（一九四〇）年の十月二十一日に決行するはずだった。ところが空母の故障のためやむなく十一月十一日に延期された。では、当初に予定された十月二十一日とはなんの日かと思いきや、それは文化二（一八〇五）年のトラファルガー海戦の記念日だった。英海軍がジブラルタル海峡付近でフランス・スペイン連合艦隊に大勝した一戦だ。その日に今度はイタリア海軍を痛撃しようとしたとは、いかにもホレーショ・ネルソン提督を頭首と仰ぐロイヤル・ネイビーらしい話だ。

日本でも太平洋戦争の開戦にあたり、明治節（明治天皇誕生日。十一月三日）、紀元節（神武《じんむ》天皇の即位日とされる。二月十一日）、陸軍記念日（奉天《ほうてん》会戦勝利の日。三月十日）、天長節（昭和天皇誕生日。四月二十九日）を節目として作戦計画が立案されたことはよく知られている。祝祭日通りに事が運べばだれも苦労しないよと笑う人もいて、なかなかうまい表現だと感心した人もいた。いずれにしても英米相手の戦争なのだから、そう楽には勝てないだろうとする空気が支配的だったはずだ。

ところがふたを開けてみると、強気の予測以上の結果となった。開戦が当初の予定より一ヵ月遅れの昭和十六（一九四一）年十二月八日になったにもかかわらず、シンガポール占領は翌十七（一九四二）年二月十五日、ラングーン（現ヤンゴン）占領は三月八日、インドネシアのオランダ軍降伏は三月九日だった。フィリピンの米軍は予想に反してマニラ一帯での決戦を回避し、バターン半島の要塞に立て籠もったため、ここでの作戦終了は昭和十七年五月初頭までずれ込んだが、ほかはまったく順調だった。

これにもっとも驚いたのは当の日本の指導層で、「すこし勝ちすぎでは」と口にしておどける余裕すら見せていた。昭和十五年九月に日独伊三国同盟が締結された時、「これから日本はどうなるのか」といたく心痛していたという海軍の長老たちもハワイ攻撃や南方進攻作戦の成功を見て、「若い者もよくやっている、これで帝国海軍の行く末は安泰だ」とご満悦だった。

しかし意外なことだが、下級将校として日露戦争を体験した陸軍の長老のなかには、緒戦の勝利を見ながら将来を懸念する人がかなりいたという。陸軍の武器体系は基本的に日露戦争当時のままで、どうにも心もとない。各級指揮官の能力についても、数年にわたり大陸戦線で中国相手の非正規な作戦を続けてきたためか、低下の一途をたどっているように思われる。日露戦争当時の動員率(全人口に対する徴集率)は二パーセント程度だったが、この動員率があがれば当然、兵員の質は低下する。それらに対する施策が見当たらないと指摘されていた。

ところがこれまた日本軍の特色の一つだが、どんな大物の実力者でも現役を去れば「ただの人」になり、ほとんど発言力がなくなる。後輩になにを言っても聞き流されるばかりか、現役将官から面と向かって「近代的作戦用兵を知らない人は黙っていてください」と言われるのも珍しくない世界だった(小磯《こいそ》国昭『葛山鴻爪《かつざんこうそう》』中央公論事業出版、一九六三年)。

日本は緒戦の勝利に眩惑《げんわく》陶酔し、それがなぜもたらされたのかを分析することを怠った。まさに「勝者は学習せず、敗者は学習する」との警句通りとなった。

西部太平洋からインド洋の東部までを迅速に席巻した日本海軍の勝因は、ハードとソフト両面での奇襲によるものだった。正規空母のすべてを投入した機動部隊の運用法、零戦《ぜろせん》に代表される航空機の優勢、そして練達した搭乗員の技量、このセットで押しまくった結果の勝利だ。そんな奇襲の心理的な効果が薄れ、敗者の敵が機動部隊の運用法を学んだらどうなるのか。こちらは航空機の搭乗員や整備員の補充が遅れているのに対して、敵は自動車に慣れた青年が多いから、すぐにも搭乗員や整備員を育成できる。航空機に関する技術も欧米のほうが進んでいる。

陸軍の勝因はごく簡単なことで、相手が弱すぎたということにつきる。フィリピンには米兵とフィリピン兵が半分ずつの割合で、合計四万二〇〇〇人のいわゆる米比軍が展開していた。これはコンスタビュラリー、すなわち警備隊・警察軍の一種といったもので、昭和十九（一九四四）年に予定されていたフィリピン独立までのつなぎの武力集団であって、正規軍ではない。インドネシアには、一部がオランダ本国兵からなる七万人の軍隊があったが、これもあくまで軽装備な植民地の警備軍だ。

かなり手強《てごわ》いと思われたのがマレー半島からシンガポールに展開している英軍だった。戦前の見積によると、英本国兵一万一〇〇〇人、インド兵三万～三万五〇〇〇人、オーストラリア兵二万～二万五〇〇〇人、マレー兵若干の合計七万人程度とされていた。しかし、戦意が高いのは英本国兵だけだろうし、そもそもはこれもまた植民地軍なのだから、国軍最精鋭との定評がある第五師団（広島）、近衛《このえ》師団、そして第一八師団（久留米《くるめ》）からなる第二五軍が向かえば、シンガポールの早期奪取は可能とされた。

そこで第二五軍は、当初配属された第五六師団（久留米）を隣接する第一五軍に差しだすという余裕を見せた。ところが、開戦時の英軍は四個師団と六個旅団を基幹とする一二万人の規模にまで増強されていた。攻略後にこれを知っただれもが背筋が寒くなったことだろう。第二五軍司令官だった山下奉文《ともゆき》中将（高知、陸士一八期、歩兵）は、のちに「敵を軽く見ていたことが図に当たったまでのこと」と苦笑いしていたという（沖修二『至誠通天　山下奉文』秋田書店、一九六八年）。

ともかく、半年足らずで南方資源地帯を制圧したのだから、帝国陸海軍の快挙と酔《よ》い痴《し》れるのも無理はないが、緒戦から日本にとって不吉な前兆もあった。ウェーク島攻略戦の苦戦だ。ここはハワイとグアムのほぼ中間で、アメリカは昭和十四（一九三九）年からここに軍事施設を設営しだし、日米開戦時には建設作業員一〇〇〇人、および警備の海兵隊五〇〇人ほどが駐屯していた。アメリカの領土を占領すること自体に意義があるし、ここに哨戒基地を張りだすことにも大きな意味があるとの理由から攻略することとなった。

開戦三日後の十二月十一日、第四艦隊はウェーク島に上陸を試みたが、反撃に遭って駆逐艦二隻を失って敗退した。各地から捷報《しょうほう》が届くなか、ウェーク島攻略は第四艦隊の面目の問題となった。十二月二十二日、増強された第四艦隊は空母二隻、重巡洋艦四隻、潜水艦七隻をもってウェーク島を包囲、攻略必成を期した。そして哨戒艇二隻をあえて座礁させて上陸するという奇策を講じて、ようやく同島を占領することができた。

ウェーク島攻略戦では第一次と第二次を合わせ、日本軍は戦死者四六七人を出し、駆逐艦二隻、哨戒艇二隻、さらに衝突事故で潜水艦一隻を失った。一方、米軍の戦死者は一二二人と記録されている。この二次にわたるウェーク島攻略戦はさまざま貴重な戦訓を残したが、それを学ばなかったことが日本軍の命取りとなった。

最大の戦訓は、少数であっても敵航空機がいる飛行場のそばに上陸しようとするのは、自殺行為に等しいということだ。すぐに燃料や弾薬を補給してまた飛び上がってくる敵機には手を焼く。たとえ攻撃手段が銃撃だけの戦闘機であっても、それが艦艇に搭載している魚雷や爆雷に命中すれば、駆逐艦などは爆沈する。そして同じパターンの作戦を繰り返すと損害が大きくなることも大事な戦訓だったはずだが、これを日本軍がどれほど心に留めたかは甚だ疑問だ。

そしてなにより、米海兵隊は精強であると認識を新たにするよい機会だった。しかし、来援の望みもない絶海の孤島で、最後まで優勢な敵に火力戦闘を挑んだこの海兵隊の実態を知ろうという姿勢が日本軍にはまったく見られない。これは手強い連中だという認識があれば、ガダルカナル戦での対応の仕方もまた別な形になったはずだ。

炸裂《さくれつ》する四文字熟語のスローガン

緒戦の勝利は決定的なものではないことを認識していたのは日本のごく少数であり、多くはこれで完璧な勝利だと思い込んで沸き立っていた。それも無理からぬことだった。長らく日本人の心のなかにあった欧米に対する劣等感が一掃され、今度は圧倒的な優越感に浸れるのだからこたえられない。

そこにメディアが作用する。当時の報道媒体は新聞かラジオと限られていたが、限られているからこそ効果は抜群となる。緒戦時には、景気のよい戦況記事の見出しに勇壮な四文字熟語が踊った。あえてそのいくつかを選んで見ると次のようになる。

開戦の詔書《しょうしょ》発表では「大詔渙発《たいしょうかんぱつ》」（渙発＝広く国内外に発布すること）、それまでの「膺懲《ようちょう》支那」が転じて「米英膺懲」（膺懲＝こらしめること）となるが、トーンが陳腐だ。国民の協力を求める呼びかけも「決死奉公」とまだ平凡だ。

ところが真珠湾攻撃の戦果発表から一挙にヒートアップする。「一撃必殺」「無敵海軍」

「魔敵圧倒」といった華々しい四文字熟語が紙面を飾るようになる。そして各地の順調な戦況を伝えるときには「神速入城」となり、さらなる国民の結束を訴えるスローガンは「一億一心」だ。そして緒戦での最大の目標となったシンガポールを占領すると「積悪決算」と打ちだすが、大英帝国の帝国主義を想起すれば、これも言い得て妙だ。そして「皇軍無敵」と結ぶ。

戦争も押し詰まった昭和二十（一九四五）年夏になると、地方都市のどこそこも爆撃された、野草でもこうすれば食べられますといった不景気な記事が並ぶようになるが、そのなかには悲痛な四文字熟語が見られる。国による公助が無理となったから「自活自戦」、行政機関が腐敗したから「瀆職《とくしょく》絶滅」、とにかく我慢してくれと「耐乏《たいぼう》生活」、本土決戦となるので「軍民一体」、そして終戦の詔勅が出されると「承詔必謹《しょうしょうひっきん》」で結ばれる。

振り返って見れば、近世以降の日本では歴史の節目ごとに四文字熟語が叫ばれてきた。「尊王攘夷《じょうい》」で明治維新、東亜の「禍根芟除《さんじょ》」で日清戦争、三国干渉に「臥薪嘗胆《がしんしょうたん》」で日露戦争、「五族協和」と「王道楽土」の建設を求めて満州事変、「尊皇討奸《とうかん》」で昭和維新、「膺懲支那」で大陸戦線の泥沼化、「八紘一宇《はっこういちう》」で大東亜戦争、そして「国体護持」と「皇土保衛」も空《むな》しく無条件降伏となったわけだ。

実はこの四文字熟語の洪水は、戦後も長く続いた。「財閥解体」「公職追放」「農地解放」「戦争放棄」で民主国家・平和日本の確立だ。「所得倍増」「沖縄返還」「列島改造」なども耳朶《じだ》に残っている。最近になると漢籍に通じた物知りが少なくなったためか、それとも国全体の東洋的な教養程度が低下したのか、これといった四文字熟語にお目にかかれなくなった。それに代わってか、和製英語とも言えない横文字やカタカナばかりが横行しているようで、これに辟易している人も多いはずだ。

練りに練った四文字熟語となれば、もちろん本場は中国だ。昭和十五年八月から十二月にかけて華北にあった中国共産党系の八路軍は、日本軍に対して大遊撃戦を挑み、一〇〇個連隊（団）を動員したと豪語、これを「百団大戦」と称した。実際にはそれほど大きな打撃を日本軍に与えたわけではないが、このネーミングによって八路軍は強大というイメージが定着した。

やがて日本が無条件降伏をすると、蔣介石《しょうかいせき》総統は「以徳報怨」＝「徳をもって怨に報いる」と国民に呼びかけた。これを耳にした多くの日本人は、「これで完璧に負けた」と思わされたことだろう。そして、今日なお北東アジアの情勢を規定している中国の朝鮮戦争介入は、「抗美援朝、保家衛国」（美は米国を指す）が目的であるとした。これもまた名文句としてよいだろう。

では、この見出しなどによく使われる四文字熟語とは、一体なんであるのか。その多くは古典や名著などにある一節を引用したものだ。そうすることによって、論調などに知性や教養の香りを含ませる。さらにそれは単なる思い付きなどではなく、裏付けがあることをほのめかすことができ、安心して読めるもの、信じてよいことだと広く感じさせる効果が期待される。

これはもちろん西欧でもよく行なわれることで、軍事の分野でもギリシャの古典や聖書、フリードリッヒ大王やナポレオンの言行録、そしてクラウゼヴィッツからゲーテの著作にまでおよぶ引用句がよく見られるという。西欧の場合は表音文字だから、このようなものに接するとまずは読んで反芻《はんすう》して意味を知り、さらには原典に当たって真の理解にいたる。それに対して漢字は表意文字、象形文字だから、目で見ただけでおおよその意味がわかり、出典などを知らなくとも理解したとの満足感が味わえてしまう。しかし、それがまさに「一知半解」につながるわけで、おおいなる誤解に陥りやすい。

そしてこういった引用句は、標語（モットー、スローガン）に変質することがある。漢字圏ではその傾向が顕著だ。第一次世界大戦後のドイツで再軍備を主導したハンス・フォン・ゼークトはこの「標語」を自著『一軍人の思想』で取り上げ、「自己の頭脳をもって思考し得ない人々にとっては必要欠くべからざるもの」と喝破した。とくに軍人の世界では、標語は致命的な結果を招くこともあると彼は警告する。それが悪意から出たものでなくとも、思考を欠いたものであるために、数千の人命が犠牲になるからだという（『一軍人の思想』篠田英雄訳、岩波新書、一九四〇年）。

この『一軍人の思想』の和訳本は昭和十五年に出版されており、多くの軍人も手にしたことだろう。それなのに日本ではモットーやスローガンが野放しになり、冷静であるべき軍人までが巻き込まれて言葉に酔ってしまい、本来あるべき思考というものが奪われる結果になってしまった。

たとえばここに「皇軍無敵」という標語がある。これも当初は「そうあって欲しいものだ」という願望だったはずだ。ところが始終目にしたり、口にしたりしていると、そして実際に連戦連勝が続くとなると、本当に「皇軍無敵」だとの思い込みに発展する。そこまでならばまだ救いがあるが、さらに「無敵なのだからなにをしても勝利する」と飛躍してしまうと大変だ。よく考えもせずに戦略方針までをねじ曲げてしまうから、収拾が付かなくなってしまう。

余儀なくされた「倭寇《わこう》」の再現

とにかく苦しい日本の台所事情

日本はアジア解放のために立ち上がった、「八紘一宇」＝〔掩八紘而為宇、世界を一つの家とするとの意（『日本書紀』）〕の精神で戦ったという史観は今なお語られているようだ。これは観念に関する話だから、全面的に受け入れなければならないことではないし、また目くじらを立てて反論する必要があることでもない。ただ言えることは、戦前の日本は、おそらくは現在の日本もそうだろうが、他国のために、はたまた虐げられている異民族のために戦うほど余裕のある、お人好《ひとよ》しの国家ではなかったということだ。

瑞穂《みずほ》の国とは言うが、戦前の日本ではコメの自給率はようやく八〇パーセントほどであり、朝鮮半島と台湾からの移入によってどうにか需給のバランスをとっていた。なお、コメの自給を達成したのは昭和五十年代に入ってからのことだった。また、日本は海に囲まれているのに、食塩と工業塩の自給率は二〇パーセント程度に止まっており、多くを山東省や江蘇《こうそ》省からの輸入に頼っていた。石炭は自給が可能とされていたが、製鉄用のコークスに適した強粘結炭はほぼ全量、河北省からの輸入だった。近代産業に使う資源で日本が完全に自給できたのは、石灰岩だけといっても過言ではなく、そんな状況に大きな変化なく今日にいたっている。

そこでこの苦しい台所事情をどうにかしようというのが、昭和六（一九三一）年に満州事変を引き起こした理由の一つだった。しかしそれでは「武士は食わねど高楊枝《たかようじ》」の大和《やまと》民族として恥ずかしい限りだから、「王道楽土」「五族（日漢満朝蒙《もう》）協和」とのスローガンを掲げて体裁を取り繕っていたわけだ。満州（中国東北部）は面積一三〇万平方キロ、日本本土の三・五倍の広さだから、探せばどこかに資源はあるだろうという安易な発想で乗りだしていった。

ところが意外なことに、満州は鉱産物にあまり恵まれていない。有望視されていたところも多いが、あまりに奥地で開発が容易ではないし、治安が悪くて探査もできないのが実情だった。遼寧《りょうねい》省中部に世界的な規模のアイアン・ベルトがあったが、ここの鉄鉱石は低品位なうえに結晶水を含む褐鉄鉱《かってっこう》なため精錬がむずかしく、鉄鋼の増産も順調には進まない。

そしてなにより、当時の満州では油田が確認されていなかった。満州は広いのだから、どこかにはあるはずと探査するものの、なかなか見つからない。戦後になってハルビンの西北、大慶《だいけい》で油田が開発されたが、戦前には手付かずのままだった。国際的な孤立も辞さず満州に進出したものの、日本の石油事情はなんら変わりはなかった。

昭和十二（一九三七）年度から十六年度までの五年間で日本の石油消費量は合計一八〇〇万トンであったのに対し、国内産油量は合計一七四万トンだったので、自給率は一〇パーセントに届かなかった。昭和十四年度の石油総輸入量は三九五万トンで、輸入先はアメリカが六五パーセント、オランダ領インドネシアが二一パーセント、イギリス領ボルネオが八パーセントとなっていた（日本外交学会編『太平洋戦争原因論』新聞月鑑社、一九五三年）。昭和十六年八月、アメリカは石油の対日輸出を全面的に停止したが、その衝撃の大きさはとてつもないものだったことが実感できよう。

一刻も早く南方から石油を内地に還送しなければ、連合艦隊は動けなくなり、その時点で日本は戦わずして敗北となる。こうして南方資源地帯への進出が最重要事項として計画されることとなった。開戦後における石油取得量の見積は、昭和十六年十一月五日の御前会議での企画院報告では［表1］のようになっていた。

石油に限らず、軍需生産に必要な戦略物資のほとんどは南方資源地帯に依存しなければ

表1　開戦後における石油取得量の見積（原油1kl＝平均0.86t）

地域（積出港）	第1年	第2年	第3年	担任
英領ボルネオ（ミリ）	20万kl	60万kl	150万kl	陸軍
蘭領ボルネオ（バリクパパン）	10万kl	40万kl	100万kl	海軍
スマトラ南部（パレンバン）	0	75万kl	140万kl	陸軍
スマトラ中部（バンガラン）	0	25万kl	60万kl	陸軍
合　計	30万kl	200万kl	450万kl	

昭和16年11月、企画院報告より作成

ならなかった。昭和十六年十一月二十五日に大本営陸軍部で決定した「南方作戦に伴う占領地統治要綱」の別紙には、戦争第一年度における各地の戦略物資の取得目標値が［表2］のように定められていた。

これらの物動計画に関する説明を受けた東條英機首相は、「要するにこのワシに物盗《ものと》りをせよということか」と憮然《ぶぜん》としたという。「閣下、ご明察、その通りです」と言うわけにもいかないし、「いや、東亜の解放、大東亜共栄圏の建設のためです」と言っても白々しいから、周囲も困ったことだろう。ともかく、こうでもしなければ大陸戦線を維持する継戦能力は失われ、戦争目的と定めた「自存自衛」も成り立たなくなってしまう。

カネを出しても資源を売ってくれないので、力ずくでも手に入れるということだから、日本の行動はどこか室町時代の倭寇や八幡《ばはん》（倭寇の異名、海賊）のようにも思

表2　戦争第1年度における各地の戦略物資の取得目標

地域	取得目標
フィリピン	マンガン鉱5万t　クロム鉱5万t　銅鉱10万t　鉄鉱30万t
マレー半島	ボーキサイト10万t　マンガン鉱3万t　鉄鉱50万t 錫鉱1万t　生ゴム10万t
インドネシア	ニッケル鉱10万t　ボーキサイト30万t　マンガン鉱2万t 錫鉱1万t　生ゴム10万t

「南方作戦に伴う占領地統治要綱」より作成

えてくる。倭寇も多くの場合、最初は穏やかな商談で始まり、それが不調に終わりそうになると威嚇したり、暴力を振るったりして物資を持ち去ったというから、その再来だともいえる。入り込んだ土地を植民地にして搾取するというのではないから、西欧列強ほど悪辣《あくらつ》ではないとはいえようが、遅れてやってきた帝国主義者とみなされても仕方がない。こうして二〇世紀の八幡船が面積三〇〇万平方キロ、人口一億二〇〇〇万人の地域へと出帆したわけだ。

戦略物資を入手しなければ継戦能力を失うとなれば、経済の論理が軍事を支配する方向に傾く。本来、軍事力が目的とするところは、陸軍は敵野戦軍主力の殲滅《せんめつ》、海軍は敵艦隊主力の撃破だ。その結果として戦略物資の入手の道が開かれるというのが正しい順序となる。

ところが、いわゆる戦争経済が強調されると、「これだけの物が欲しいから、このような作戦を行なう」という逆転の発想となって、軍事戦略がゆがめられたり、軍ばかりが重荷を背負い込んだりすることになる。第二次世界大戦中のドイツにとってはウクライナ東部の確保がそれであり、日本にとってはビルマ（現ミャンマー）への進攻がその好例だった。

日本にとってのビルマの戦略的な価値については、戦争前からさまざま議論されてきた。まず着目されるのが、ビルマを通る援蔣《えんしよう》ルート（対中援助ルート）だ。ラングーンに陸揚げされた英米からの援助物資は、ビルマ縦貫鉄道でマンダレーにいたり、ここから支線でラシオへと運ばれ、そこから自動車輸送で雲南《うんなん》省昆明《こんめい》にいたる。これが最後の援蔣ルートだから、それを遮断するためのビルマ進攻には戦略的な意味がある。

ところが、タイとビルマの国境地帯は地形が険しく、補給幹線が設けられない。ビルマに一個軍を派遣するとなると、マラッカ海峡経由の海運に頼ることとなる。そのためには二〇万総トンの船腹量（船舶の搭載可能な容積量）が必要となるが、そうなると船舶の運用計画を根本から見直さなければならない。そんな事情から当面はビルマ全土の攻略は見送ることになったが、そこに悪魔のささやきが聞こえてきた。「ビルマは隠れた鉱産地域」というものだ。

当時、公開されていた統計によれば、ビルマは開戦前の五年間で銅精鉱三二四〇トン

（成分含有量）、タングステン精鉱四三四〇トン（酸化物含有量）を産出している（前掲『世界統計年鑑一九五二年版』）。鉱産地帯はモールメンからアンダマン海沿いにマレー半島のクラ地峡へと伸びる細長いテナセリム地方で、ここには錫《すず》の鉱脈もあった。また、マンダレーの北、ボードウィンでは世界的な規模の鉛・亜鉛の鉱山が操業中だった。その南のエナンジョンには油田があり、ラングーンには製油所もあった。

これらの資源に動かされた面もあり、昭和十七年一月下旬にビルマ要域の占領が決定された。進攻作戦そのものは順調に進展し、五月中旬までに日本軍はビルマ全土を制圧したばかりか、一部は雲南省に入り、怒江《どこう》（サルウィン川上流部）の右岸にまで達した。ところがすぐに深刻な事態に直面した。

海運主地となるラングーン港は、イラワジ川（現エーヤワディ川）の河口港だが、ベンガル湾正面は英空軍に開放されており、港と外海とを結ぶ水路が空襲されてひとたび船舶が沈没すると、すぐに港湾が閉ざされてしまう。とにかくそんなところへ、ベンガル湾沿いに英軍、東北部からは中国軍の反攻が続き、ビルマは日本にとって重荷であり続けた。後述する昭和十九年三月からのインパール作戦はビルマ戦線の苦闘を象徴するものだが、ここは常に「地獄のビルマ」と語られた最悪の戦場だった。

現地の実情に暗い軍政組織

持たざる国が「自存自衛」の旗を掲げたとなると、往時の倭寇のように強欲にならざるを得ない。ところが日本人の習性なのか、最初はとにかく臆病でおずおずと出て行く姿が印象的だ。その一つの例として、開戦に先立つ昭和十六年十一月に策定された「南方占領地行政実施要領」を見ると、本当に異民族を統治できるのかと不安そうな雰囲気がよくうかがえる。

この「要領」には、「軍政実施に当たりては極力残存統治機構を利用するものとし、従来の組織及び民族的慣行を尊重す」とあり、穏当かつ妥当な方針だった。また、「通貨は勉《つと》めて従来の現地通貨を活用流通せしむるを原則とし、已《や》むを得ざる場合にありては外貨標示軍票を使用す」とある。これは金融界の混乱を防止する適切な措置だ。敵国人の取り扱いについてだが、「軍政実施に協力せしむる如《ごと》く指導する」とあり、これも軍事占領地の行政としては破格の寛容さといってよいだろう。華僑《かきょう》（華＝中国系の、僑＝居留民）の多くも敵国人に類別されるだろうが、これに対しては、「蔣政権より離反し我が施策に協力同調せしむる」としている。

中国戦線での占領地行政は、外務省や商工省の外郭団体、同業者組合などの民間団体、軍の特務機関、さらには戦地特有の一旗組《ひとはたぐみ》（一攫千金《いっかくせんきん》を狙う人たち）が複雑に絡み合い、支離滅裂、百鬼夜行の様相を呈していた。利権に群がる邦人は日本人の面汚しであり、粗《そ》暴驕慢《ぼうきょうまん》で日本の国策に救いがたい禍根を残したと軍人の間でも語られていた（上法快男《じょうほうよしお》編『軍務局長武藤章《あきら》回想録』芙蓉書房、一九八一年）。

そこで南方では作戦軍の軍政で一元化することとした。しかし、海軍も関与するとなるとこれまたむずかしい問題に発展する。軍政とは地上での統治や管理に関する事柄だから、一般的には陸軍が担当し、海軍が必要とする地域や施設についても陸軍が提供して委任するという形を採る。しかし、海軍は作戦上の要求や石油などの資源確保のために独自の軍政担任区域を強く求めた。軍政担任区域はおおむね作戦担任区域とも重なる。陸軍としてはその縮小が図られることにもなるので、海軍の要望を受け入れて次のように地域割りをした。

・陸軍の主担任区域＝香港《ホンコン》、フィリピン、マレー半島、スマトラ、ジャワ、イギリス領ボルネオ（サラワク）、ビルマ

・海軍の主担任区域＝オランダ領ボルネオ（カリマンタン）、セレベス、モルッカ諸島、小スンダ列島、ニューギニア、ビスマーク諸島、グアム島
・陸軍担任区域内での海軍設定の根拠地＝香港、マニラ、シンガポール、マレー半島ペナン、ジャワ島スラバヤ、ミンダナオ島ダバオ

海軍も戦果の山分けに与《あず》かり、カリマンタンの軍政を担当することとなった。ここには海軍が古くから石油を輸入していたタラカンとサンガサンガの油田、バリクパパンの製油所があった。また、南方資源地帯でも数少ないニッケル鉱山があるセレベスをまかされたことも、海軍としては満足できることだった。ところが海軍は、すぐに音をあげだした。軍政要員と警備兵力に一〇万人も割かなければならなかったからだ。また、多少なりとも占領地の軍政についてノウハウがある陸軍に対して、海軍は初めてのことだから不祥事続きとなった。

そして実際に占領してあれこれ戦利品を手にすると、いよいよ倭寇となって物欲に支配されだす。緒戦時、日本軍はマレー半島、ビルマ、ジャワの各地で各種車両を合計二万六五〇〇両も鹵獲した。フィリピンでの鹵獲数は不明だ。このうち状態のよい高級乗用車が

内地に送られ、各界の要人に献上された。これに乗った要人のだれもが「舶来上等、外車結構」と舞い上がった。

このような入れ食い状態になると、日本人は魚を取り尽くさないと満足しない釣人のような心境になるようだ。そんなことで日本軍による占領地の軍政も穏当な共存から苛酷な収奪へと変化しだした。昭和十七年四月、日本銀行の窓口代行という形で南方開発金庫が営業を始めると、軍政の方向性が明らかに変わった。

そもそもの問題は、軍政当局がこの南方資源地帯の全体を俯瞰した知識を持っていなかったことだ。南方地域における産業・経済の下部構造は華僑と印僑（インド系の居留民）が押さえており、上部構造を支配するのが欧米の巨大資本だ。この欧米資本によるモノカルチャー（特定産品に依存する経済構造）のプランテーションというものは、日本人の想像をはるかに超えるものだった。車で半日走っても、ゴム園から抜けだせないことなどざらだ。ゴムの採取は多くの人手に頼るが、その労働力をどうやって養っているのかからして日本人には謎《なぞ》だった。

そこに華僑の登場だ。精米所から販路まで押さえている華僑のネットワークが、主食のコメを各地にデリバリーしているわけだ。ではそのコメをどこから持ってくるのか。インドシナ半島を流れるメコン川など大河の流域に発達したデルタ地帯からだ。また東南アジアから南アフリカ一帯には印僑のネットワークがあり、貴金属や宝石に始まる鉱業に強く、欧米資本と渡り合えるだけの実力を持っていた。どちらも日本人のイメージだと「仮住まいの出稼ぎ」だろうが、東南アジアでの経済力からしても、とてもそんな範疇《はんちゅう》に収まるものではない。

東南アジアの経済を握っているのは華僑と印僑なのだから、その実態を知っておかなければ、占領地の統治などできるはずがない。ところが日本では、学界も含めて華僑や印僑の世界を研究したかどうかすら定かではない。それなのに軍政をやれ、早急に戦略物資を内地に還送しろと迫られた作戦軍は、治安回復すら思うように進まず焦り、しかも相手の母国と交戦していることもあってか、華僑をめぐる忌まわしい不祥事が各地で起きた。

シンガポールを占領した直後の昭和十七年二月末から三月末まで、第二五軍による反日華僑の粛正が行なわれ、五〇〇〇人とも四万人とも言われる犠牲者が出てしまった。シンガポールの警備司令官に任命された歩兵第九旅団長の河村参郎《さぶろう》少将(石川、陸士二九期、歩兵)は、一般民衆の粛正には強く反対したが、一部の参謀によるいわゆる「私物命令」(司令官に無断で参謀が発する命令)がまかり通り、惨劇が起きてしまった。さらに昭和十七年六月末、第二五軍軍政当局は、シンガポールの華僑の協和総会に巨額の強制献金を課した。終戦を迎えると、この問題も含めた戦犯裁判が開かれ、河村以下が処刑された。そして昭和四十二（一九六七）年、日本は独立していたシンガポールに有償・無償合わせて五〇〇〇万ドルの援助を行なうことによって、これらの問題に決着を付けた。

反日華僑の粛正事件は、海軍の軍政担任地域だったボルネオの西カリマンタンでも起きた。この中心地ポンティアナクは華僑を中心とする町で、シンガポールと結び付いていた。ここでの強圧的な日本軍政に反発した華僑と現地の土侯が手を結び、武力による日本人排除を計画したとされる。これはさらなる弾圧を行なうための、日本側によるでっち上げともいわれている。反日運動が昭和十八（一九四三）年ごろから本格化したとして、日本軍の粛正作戦が行なわれ、二万人もが裁判もなく処刑されたという（丸山静雄編『昭和の戦争9　アジアの反乱』講談社、一九八六年）。

日本の穏当な占領地経営から苛酷な収奪への転換を象徴する出来事は、昭和十八年四月から南方開発金庫が現地通貨標示の「南発券」を発行したことだった。日本軍政下での物資取得費や労賃の支払いはこれにより、終戦までに一八〇〇億円相当が発行された。終戦時の日本銀行券発行高は三〇三億円だったから、占領地のインフレの凄まじさがよくわかる。

そしてインフレに襲われた鉱山は大打撃を被った。鉱山は選鉱などで多くの人手を必要とするが、インフレで労働者が集まらなくなった。紙幣といっても、なんの裏付けもない単なる紙屑《かみくず》をもらうよりも、家庭菜園の手入れでもしていたほうがましだからだ。

その結果、各地の鉱産物の産出量は戦前と比べて激減した。マレー半島産の鉄鉱石は推定で戦前の三パーセント、マンガンは一〇パーセントにまで落ち込んだ。フィリピン産のクロムはおおいに期待された鉱産物だったが、戦前の一七パーセントしか入手できなかった。ビルマ産のタングステンは、戦前の一八パーセントに落ち込んだ。これでは「大東亜共栄圏」ではなく、「大東亜共貧圏」ということになってしまう（前掲『世界統計年鑑一九五二年版』）。

見失った達成可能な戦略目標

気宇壮大というべきか、誇大妄想だとするべきか

日本海軍は開戦にあたり、作戦の進展をどう予測していたのか。まずは南方資源地帯を制圧し、西漸してくるであろう米艦隊主力を迎撃する態勢を固め、戦略物資の内地還送を

円滑に進める準備を整えれば、戦争目的とした「自存自衛」を達成する最初の段階、すなわち海軍が言うところの第一段作戦を終えることができるとしていた。

では、次のステージをどう想定していたかだが、それは第一段作戦の結果によって判断するということだったのだろう。正直なところ、そこまで考える余裕はなかったはずだ。言ってみれば、「出たとこ勝負の、お天道様まかせ」なのだが、これこそ下世話な表現にせよ、日本人の戦い方の一つの特徴でもある。

奇襲によって戦端を開き、大きな戦果を得たものの、アメリカとイギリスが継戦意思そのものを失ったとはとても思えない。当然、それは戦争の長期化を意味し、日本の戦略的な姿勢は守勢的にならざるを得ないと多くが納得していた。ところが緒戦の大勝利に眩惑されたのか、それとも連日の紙面で炸裂する四文字熟語の魔力で思考が停止したのか、さらに押しまくるべしという気運が有力となった。とくに海軍は、真珠湾奇襲やマレー沖海戦、インド洋作戦での大勝利、こちらの損害は軽微、しかも世界最強の戦艦「大和」に続いて「武蔵」が戦列に加わったのだから、「艦隊決戦必勝」と意気軒昂《けんこう》になるのも無理からぬことだった。

連合艦隊司令部は、昭和十七年一月末に次のような作戦構想を軍令部に提出し、第二段作戦が具体化し始めた。それによると、昭和十七年五月末から六月にセイロン（現スリランカ）攻略、続いてオーストラリア北端のポート・ダーウィン攻略、米豪遮断のためフィジーやサモアの施設破壊、そしてハワイ攻略という段取りだった。

真珠湾、インド洋で大戦果を収めた機動部隊は、さらに積極的かつ気宇壮大な構想を温めていた。第二航空戦隊司令官の山口多聞《たもん》少将（島根、海兵四〇期、水雷）は、次のような作戦を立案し、昭和十七年二月末に機動部隊と連合艦隊の司令部と軍令部に具申していたという（豊田穣《とよだじよう》『海軍軍令部』講談社、一九八七年）。

それによると、第二段作戦として昭和十七年五月中旬にセイロン攻略、七月中旬に米豪遮断作戦を実施する。続いて第三段作戦の第一期として八月から九月にアリューシャン攻略、十一月から十二月にミッドウェー攻略、十二月から翌年一月にかけてハワイ攻略を予定する。第三段作戦の第二期には、ドイツと策応して南北アメリカの連絡を遮断、パナマ運河を破壊、北米大陸の西海岸各地を砲撃、さらにはドイツと協力して南米進駐、カリフォルニア油田地帯を占領、航空部隊を送り込み、アメリカ各地を爆撃するという妄想じみた構想だ。山口多聞は戦後になっても評価の高い提督の一人だが、当時はこんなことを考えていたとは驚かされる。

軍令部第一部の第一課長（作戦課長）だった富岡定俊大佐は、オーストラリア攻略を構想していた。オーストラリアを占領すれば、対日反攻のための米軍前進基地を覆滅できるし、ここを失ったイギリスは大打撃を被って継戦意思を喪失し、和平への糸口になるやもしれぬということだった。

もちろんこの構想の背景には、資源の事情も伏在していた。資源といえばすぐ石油や金属に目が向くが、実は日本のアキレス腱の一つに繊維資源があった。日本は羊毛と綿花のほぼ全量を輸入に頼っていた。綿花については、質は悪いが中国の占領地に依存できたし、代替品も多少はある。ところが羊毛となると、中国の占領地や南方資源地帯にも期待できない。これは中部ヨーロッパのデータだが、兵員一人あたりで一年間に脱脂していない原毛五〇キロが必要になるとされる。在庫を使い切ってしまえば、もう当てはない。これもオーストラリアに食指が動く一つの理由だった。

オーストラリア攻略という海軍の構想を聞いた陸軍は、動転したことだろう。もちろんオーストラリア全土の七七〇万平方キロを制圧するのではなく、北部のポート・ダーウィン、東部のブリスベーン、西部のパースといった沿岸地帯の点目標を攻略するのだが、それでも一二個師団（一個師団＝約一万四〇〇〇人）は必要とされた。しかも熱帯を通過する海上輸送だから、兵員一人あたり五総トンの船腹量が必要となり、陸軍だけで一五〇万総トンの船舶が求められる。そして内地から往復八〇〇〇浬の補給線を維持するには、二〇万総トンの船腹を投入し続けなければならないと見積もられた。

これほど膨大な船舶が必要になるオーストラリア攻略を行なうとなると、物動計画を全面的に見直さなければならず、「自存自衛」の戦争目的を支える南方資源の内地還送の目《め》処《ど》も立たなくなる。昭和十七年二月から三月にかけての討議では、数字をあげての陸軍の反対に海軍も納得し、自説のオーストラリア攻略案を引っ込めた。これと並行して論じられていたのが米豪遮断作戦で、これが双方の妥協案となった。すなわちフィジー、サモア、ニューカレドニア攻略のFS作戦だ。

海軍としては、米豪の連絡を遮断するにはどうしてもこの線に頭を出さなければならないとした。陸軍としては、フィジーやサモアと聞いても、「ほー、南の天国の島か」程度の話だっただろう。ところがニューカレドニアと聞いて陸軍も膝を乗りだす。今日でもなおそうだが、ここには合金鋼に不可欠なニッケルの大鉱山がある。日本が進出した南方資源地帯でニッケルの鉱山が確認できたのは、ビルマとセレベスぐらいだ。それだから陸軍は、ニューカレドニアまで行くとは大歓迎、部隊も出しましょうということになる。

しかも、ニューカレドニアではコバルトも産出することが確認されていた。当時、日本が鋭意進めていた人造石油（石炭の液化）の年産を五二〇万トンにするには、触媒としてコバルト一〇〇〇トンが必要だと試算されていた。日本と朝鮮半島でコバルトの鉱石が確認されたのは、愛媛県と高知県の県境部の白滝《しらたき》ぐらいで、大陸の占領地でも確認されていなかった。どうしようかと頭を抱えているときにニューカレドニアの話が浮上したわけだ。「あそこなら産出するだろう、これで人造石油の大増産だ」と盛り上がり、占領一年でコバルト成分量一〇〇〇トン確保が目標となり、「ニッケルと一緒に担げるだけ担いでこい」と陸軍も八幡の旗を掲げた。

相違する陸海軍の戦略方針

攻勢作戦の継続を望む海軍と、防勢に移行したい陸軍とが協議を重ねた結果、合意に達して昭和十七年三月七日に「今後採るべき戦争指導の大綱」が決定した。その内容は次のようなものだった。

一、英を屈伏し米の戦意を喪失せしむる為引続き既得の戦果を拡充して長期不敗の政戦態勢を整へつつ機を見て積極的の方策を講ず。

二、占領地域及主要交通線を確保して国防重要資源の開発利用を促進し自給自足の態勢の確立及国家戦力の増強に努む。

三、一層積極的なる戦争指導の具体的方途は我が国力、作戦の推移、独ソ戦況、米ソ関係、重慶の動向等諸情勢を勘案して之を定む。

四、対ソ方策、五、対中方策、六、独伊との協力（略）

この大綱を協議する大本営政府連絡会議の席上、閣僚から「既得の戦果を拡充することとはなにか」との質問があった。これに対して参謀次長の田辺盛武《もりたけ》中将（石川、陸士二二期、歩兵）は、「補充的な作戦を意味する」とし、続いて「国力に大きな影響を与えるものではない」と答弁した。さらに、「機を見て積極的の方策を講ずるとはどういう意味か」と問われ、軍務局長の武藤章中将（熊本、陸士二五期、歩兵）は、「さらなる積極的な方途」と逃げ、田辺次長は「積極的な意気込みを示唆したもの」とこれまた曖昧模糊《あいまいもこ》とした答弁に止まった。これでは、それほど詰められた大綱でないことがよくわかる。

さらには、陸軍と海軍の間に見解の相違があることも明らかになった。海軍省軍務局長の岡敬純《たかずみ》中将（山口、海兵三九期、潜水艦）は、守勢に立てば敵に攪乱《かくらん》されるから、オーストラリア、ハワイ方面で積極的な攻勢を採り、敵の海軍力を撃滅し、その反攻拠点を覆滅するとぶち上げた。また、岡局長は重慶政府を孤立させるためビルマ作戦を強化し、インドとイギリスの分断を図るとして、陸軍の戦略構想にも口を出した。要するに海軍は、「長期不敗の政戦態勢」は積極的な攻勢の反復によって確立すると考えていたわけだ。その一方、陸軍は攻略した南方資源地帯の防衛を第一とし、長期持久を策することを目的にしていたことになる。

どこの国でも海軍は攻勢専一に走りがちで、陸軍は常に攻撃と防御の調和を意識している。海戦というものは、各艦艇に装備と弾薬、燃料と糧食の一切合切を兵員とともに積み込んで出撃する。そして搭載しているものの三分の一ほどを消費すると、そろそろ根拠地への帰還を気にしだし、そのうち反転、補給、また出撃といった動きを繰り返す。はたからは常に攻勢専一に見え、当事者もそう思い込む。そして、とにかく波の上のことだから、どこかを確保して防御するという考え方そのものが生まれようがない。

これに対して陸軍では、第一線部隊が弾薬などを使い果たしたからといって反転して補給を行ない、それから再び戦線に戻るということは考えられない。そのため陸軍は尺取り虫のように進み、作戦も攻撃、占領、防御を織り交ぜた形になる。おのずと戦闘部隊を支える後方支援部隊も膨大なものになってくる。太平洋戦争開戦時、南方軍は一〇個師団基幹だったが、これを支援する兵站《へいたん》部隊の単位数は、武器関係で八個、陸上輸送関係で六一個、鉄道輸送関係で二六個、勤務隊関係で三四個にもおよんだ。これらの兵站部隊には技術がからむので、ただ兵員を集めればよいというわけにはいかない。陸軍にとって続けざまの大作戦は無理ということになる。

このような背景から、昭和十七年四月に海軍が望んだオーストラリア攻略は断念することとなり、その代わりにフィジーやサモアまで進出して米豪の連絡を遮断するFS作戦が実施される運びとなった。ところが連合艦隊としては、米豪遮断構想そのものに懐疑的だった。山本五十六長官の基本構想は、連続して決戦を敵に強要することによる短期決戦であって、FS作戦は迂遠《うえん》にすぎるとしていた。この山本長官の意向を反映したものがミッドウェーおよびアリューシャン攻略を目的としたMI作戦とAL作戦だ。これらをFS作戦に先行させるというのが海軍の構想だった。ミッドウェー攻略で米機動部隊を誘い込んで叩き上げるから、FS作戦においては米空母の脅威から解放されるだろうという都合のよい話だった。

連合艦隊が想定する作戦の日程としては、五月上旬にニューギニアのポート・モレスビー攻略、六月上旬にＭＩ作戦とＡＬ作戦を決行、七月上旬にＦＳ作戦を実施することとし、十月を目処にハワイ攻略作戦の準備を進めるというものだった。この構想について軍令部は、「ハワイ奇襲と同じ方向から、しかも同じ要領の作戦を繰り返すということは、古来兵家が戒めるところだ」と強く反対した。そしてＦＳ作戦でまず南方を固め、その上でマーシャル諸島の防備を確立するのが最善の策だと説いた。

しかし、真珠湾奇襲の成功によって神格化した山本長官の決心を覆すことはできなかった。そして四月五日に真珠湾攻撃の時と同じく、永野修身総長の「山本君がそこまで言うのであれば、やらせてみようじゃないか」の一言で決まりとなった。実のところ、だれもが柳の下にはいつも泥鰌《どじょう》がいるとの期待をすこしは抱いていただろうし、まったく思っていなかったと言えば嘘《うそ》になるはずだ。もちろん第一章で紹介した東京初空襲も関係していた。こうして六月五日からのミッドウェー海戦にいたり、承知のように日本軍は惨敗を喫し、これが日米海戦の分水嶺《ぶんすいれい》となった。

過剰な恥の意識と複雑な人間関係

面目の問題となった長沙《ちょうさ》攻略

日本は「恥の文化」だと語られて久しい。普段は恥を知ることは美徳かもしれないが、戦争などの非常事態となるとそれは国家の破滅をもたらしかねない。国難に直面した国家の指導者や高級指揮官の多くは、厚顔無恥で融通無碍《ゆうずうむげ》であるのがごく普通で、勝利を収めさえすればそんな姿勢をあれこれ批判されることもない。ところが日本では、初志貫徹、首尾一貫しなければ恥ずかしく面目ないと凝り固まり、方針転換を渋りに渋って万事手遅れとなる場合が多い。

どうして進んで自縄自縛となったり、意地になって行動の幅を狭めてしまったりするのかと考えると、そこに虚栄心が働いているからだ。自分がいかに意志堅固で、なにかをやり遂げる強い決意があったかを知ってもらい、できれば史書に名前を残してもらいたい、という政治家や高級指揮官の心根が見え隠れする。太平洋戦争中に限っても、こうした硬直した戦い方をして無意味な損害を被った例は数多くある。まず、昭和十六年十二月二十四日からの第二次長沙作戦だ。

中国戦線の進攻作戦が一段落した昭和十三（一九三八）年末、支那派遣軍の任務は占領地の治安確立と安定を図ることが主となった。しかし、それだけでは部隊の雰囲気が退嬰《たいえい》的になりかねないとされ、長江沿岸地域で限定的な進攻作戦を行ない、中国軍の戦力を減殺させることとなった。ところが新たに進攻した地域を確保するだけの戦力がないため、攻め込んでは後退するピストン作戦にならざるを得ない。これを見た中国国民政府は、「またもや日本軍を撃退」と宣伝にこれ努め、日本側を苛立《いらだ》たせていた。

昭和十六年九月十八日からの「加号」作戦（第一次長沙作戦）もこのピストン作戦だった。実施部隊は四個師団を基幹とする第一一軍、軍司令官は阿南惟幾《あなみこれちか》中将（大分、陸士一八期、歩兵）だった。目標は中国が「不陥」（攻略不可能）と宣伝してきた湖南《こなん》省の省都である長沙だ。ここを占領すれば中国に和平の気運が生まれるのではとの淡い期待もあった。

第一一軍の諸隊は、洞庭湖《どうていこ》に注ぐ新墻河《しんしょうが》の線から一斉に攻勢を発起、一〇〇キロ南の長沙を目指した。そして早くも九月二十七日、先遣隊が長沙市街に突入し、翌日には第四師団（大阪）が入城した。予定していた通り、第一一軍は十月一日から反転を始め、十一月初旬までにもとの態勢に戻った。ところがすぐに支那派遣軍の内で妙な話が交わされるようになった。中国が言うように長沙市街の一部には中国軍が残っており、第一一軍が主張するように完全占領ではなかったらしいという噂《うわさ》だ。

侍従武官も務め、謹厳《きんげん》実直な武人として知られる阿南軍司令官にとって、これは面目の問題となり、この恥辱を雪《そそ》がなければと思い詰めたようだ。また、長沙入城を第四師団に譲った形となった第三師団（名古屋）の豊嶋《てしま》房太郎師団長（山口、陸士二二期、歩兵）としても、「俺が長沙に行けば、こんな話にならなかったのに」という気持ちになったかもしれない。

雪辱戦を行なうとなれば急がねばならない。第四師団は長沙入城で花道を飾って、フィリピンに転用された。これで支那派遣軍に残る精強な常設師団は第三師団と第六師団（熊本）だけとなり、これもまたほかの戦線に転用されるのは時間の問題と思われた。そうなると支那派遣軍は警備師団、治安師団、独立混成旅団からなる治安軍となり、ピストン作戦すらも行なう戦力がなくなる。そこで第三師団と第六師団が残っているうちに、再び長沙作戦を行なわなければならないという話になった。

しかし、ひとたび南方作戦が始まれば、再度の長沙作戦など大本営はもちろん支那派遣軍も難色を示す。そこで阿南軍司令官が唱え出したのが「徳義の作戦」だった。開戦劈頭、支那派遣軍の第二三軍が香港攻略に向かう。これに対応すべく中国軍は広東省《カントン》正面に圧力を加えるだろう。そこでこの中国軍の動きを牽制《けんせい》するため、第一一軍は再度長沙正面で攻勢に出るという構想だ。だれもがエゴイストになりがちな戦場で、自ら進んで友軍のために動くというのだから、まさに徳義の作戦、「武人阿南」の面目躍如ということになる(佐々木春隆『長沙作戦　緒戦の栄光に隠された敗北』光人社NF文庫、二〇〇七年)。

まず問題となるのは、この作戦の効果だ。長沙と香港付近の広州とは粤漢線《えつかん》で結ばれているが、直線でも五五〇キロ以上も離れている。長沙に圧力が加えられたからと、すぐさま反応するような敏感さを中国軍が持ち合わせているとは思えない。さらに第四師団がフィリピンに転用されたため、第一一軍が投入できる兵力は第一次作戦の歩兵大隊四六個基幹から二二個基幹にまで減っている。

第一一軍司令部でも、再度の長沙進攻には懐疑的な意見が多かった。参謀長の木下勇《いさむ》少将(福井、陸士二六期、騎兵)は、もし香港攻略の第二三軍が苦戦に陥ったならば、やむなく長沙に行かざるを得ないという程度の認識だった。後方担当の参謀副長だった二見《ふたみ》秋三郎《あきさぶろう》少将(神奈川、陸士二八期、歩兵、航空転科)は、補給幹線を維持できるのは汨水《べきすい》までという姿勢を崩さなかった。作戦参謀の島村矩康《のりやす》中佐（高知、陸士三六期、歩兵）にいたっては、ピストン作戦そのものに批判的だった。

こうして長沙への再進攻はむずかしくなったが、阿南軍司令官は諦めなかった。ここで断念すれば恥ずかしい限りという意識が働いていたのだろう。加えて第三師団長の豊嶋房太郎も積極的だった。この二人の関係だが、阿南が陸軍次官のときに豊嶋は憲兵司令官で直属の部下という形だった。そして豊嶋が第三師団長に転出すると、追いかける形で阿南が第一一軍司令官となった。中央官衙《かんが》で上司と部下、出征してからは軍司令官と師団長という関係は、そうあることではない。

豊嶋は第三師団長を昭和十五年九月から務めているから、そろそろ転属の時期だ。本人としても花道を飾りたいという思いがあっただろうし、上官の阿南としても飾ってやりたいという気持ちになっても不思議ではない。また、第三師団は昭和十二年八月以来、長らく中国戦線にあったから内地に帰還するか、ほかの戦線に転用される可能性が高まっていた。これまた大陸戦線の最後に快勝させて送り出してやりたいという気持ちにもなる。このような人情論が出てくると、軍事的な合理性が引っ込むことになりかねない。

友軍のための「徳義の作戦」という話が称賛の声とともに広まってしまった以上、第一一軍としてもなにかしなければ格好がつかない。また、太平洋戦争が開戦となって香港攻略戦が始まると、第一一軍正面の中国軍が動きだして南下しつつあることが偵知され、これを牽制することになった。具体的には兵力や補給の問題から長沙までは行かないが、屈《くつ》原《げん》（楚《そ》の詩人）が入水したことで知られる汨水の南岸まで進出して中国軍を打撃することと決められた。徳義の作戦を屈原で知られる汨水一帯で展開するとなると、ヒロイズムに酔い出すのが当時の日本人だ。

第二次長沙作戦に発展する「さ号」作戦は、香港陥落の前日の昭和十六年十二月二十四日に始まった。豊嶋は留守近衛師団長（出征した師団のあとを管理する部隊長）への異動内示を受け取っていたが、これを握り潰して第一線に立った。このときすでに豊嶋は長沙に突進する決心を固めており、阿南との暗黙の合意もあったと見てよいだろう。

作戦は順調に進展し、第一一軍主力は十二月二十九日までに汨水の南岸に渡河していた。そしてその日の夕刻、中国軍が長沙に向けて後退中と航空偵察で知った阿南軍司令官は、即刻、長沙への追撃を決心した。支那派遣軍総司令部には一言もなく、阿南のまったくの独断だったという。歩兵大隊二二個基幹という戦力で長沙まで押しだせるのかという問題はさておき、そもそも補給幹線の準備は岳州から汨水までであり、汨水から長沙までの七

図3　第2次長沙作戦と中国軍の天炉戦法（昭和17年1月5日の状況）

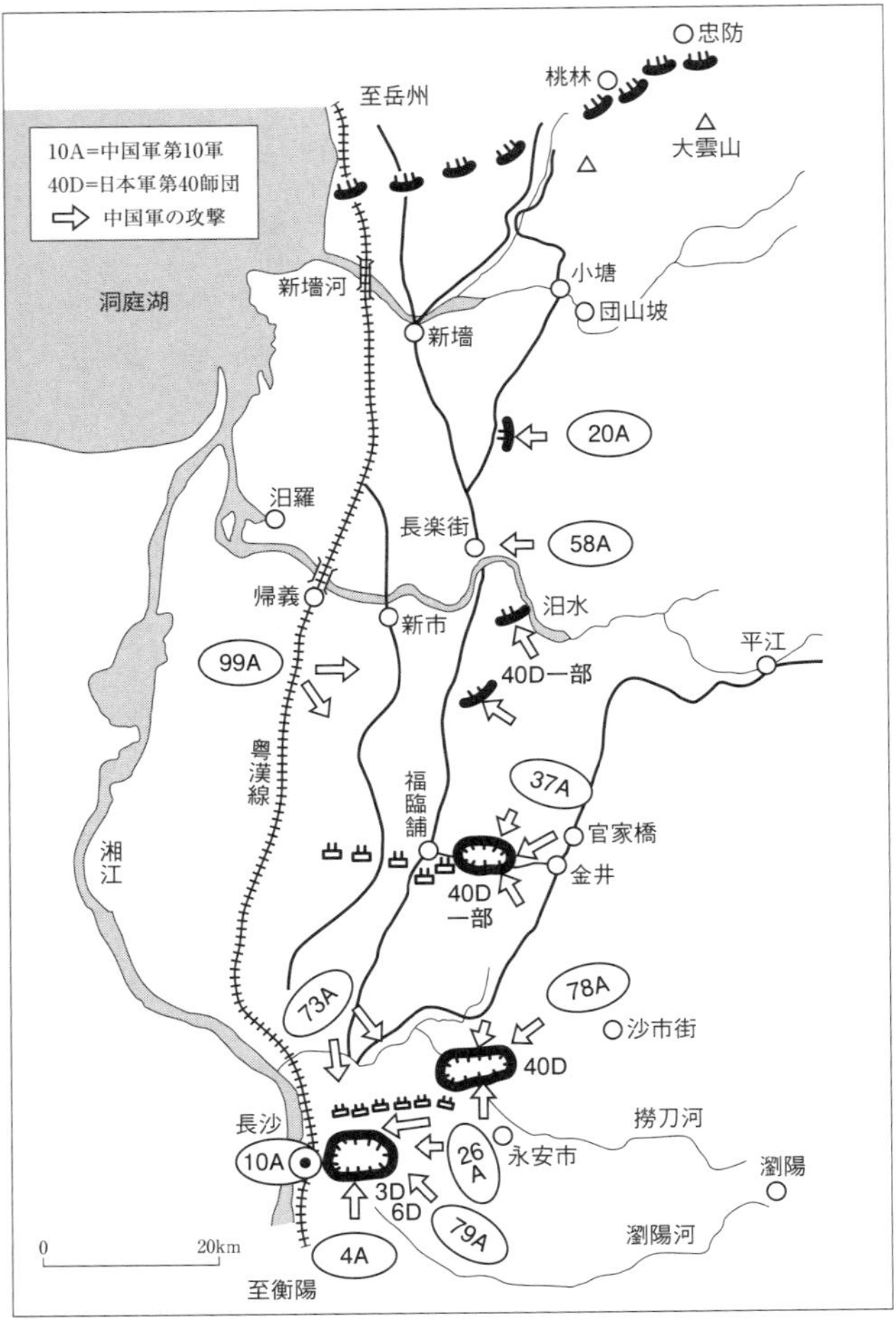

『長沙作戦』の図を元に作成

○キロには補給の準備がない。
昭和十七年一月一日から三日にかけて、第三師団と第六師団は長沙市街に取り付いた。ところが中国軍は長沙死守の構えを見せた。そのため軍旗を集めて保管していた第三師団の指揮所までが戦闘に巻き込まれ、豊嶋師団長自らが旗護中隊長を務めるという難戦に追い込まれた。これでは長沙の完全占領など無理と判断され、一月三日から北上、全軍反転となった。

第二次長沙作戦の本番は、実はそれからだった。中国軍は退却する日本軍の縦隊を両側から叩き上げた。これを中国では「天炉戦法」という。こちらに十分な火力があれば対応できるのだが、日本軍の第一線に弾薬が補給されたのは一月十一日が最初で、それまでは一切補給がなかったというから、天炉戦法の前に苦戦するのも無理はない。その結果、第一一軍は死傷者四五〇〇人という大損害を被った(図3参照)。

「長沙を完全には占領できなかった」「占拠五日で逃げ帰った」といった噂話をまともに受け止めて、これは耐えがたい恥辱、雪辱するとなって強行されたのが第二次長沙作戦であり、その結果がこの大損害だった。高い地位にある者に過剰な恥の意識があると、合理的な判断が阻害され、悲劇が生まれることをこの第二次長沙作戦は物語っている。

インパール作戦の惨敗を招いた高級人事

昭和十九年三月から七月にかけてのインパール作戦は、兵站無視の無謀な構想と語られてきた。しかし、ビルマ方面軍が置かれていた立場から考えると、インパール作戦には戦略的な合理性があった。戦線の最西端にあるビルマ方面軍は、東から順に雲南省の怒江正面で中国軍、ビルマ北部のフーコン（死の谷）で米中連合軍、インパール正面とベンガル湾のアキャブで英軍と対峙《たいじ》していた。

この態勢における連合軍は、ビルマの日本軍を包囲、挟撃できる「外線」の位置にあり、日本軍は後方連絡線を内方に保持する「内線」の位置にある。明らかに日本は不利な態勢にあるため、これを克服するには活発な機動打撃を反復して、敵が一枚岩になるのを妨害し続けなければならない。そこでまず比較的に道路状況が良好なインパール盆地まで押し出すという構想が考えられた（図4参照）。

そして兵站の問題だが、ビルマ方面軍や作戦実施部隊の第一五軍にその責任を押し付けるのは酷な話だ。補給幹線というものは川の流れのようになっている。内地からビルマの集積主地となるラングーン港までは大本営、ビルマ縦貫鉄道まではビルマ方面軍、鉄道か

図4　インパール作戦

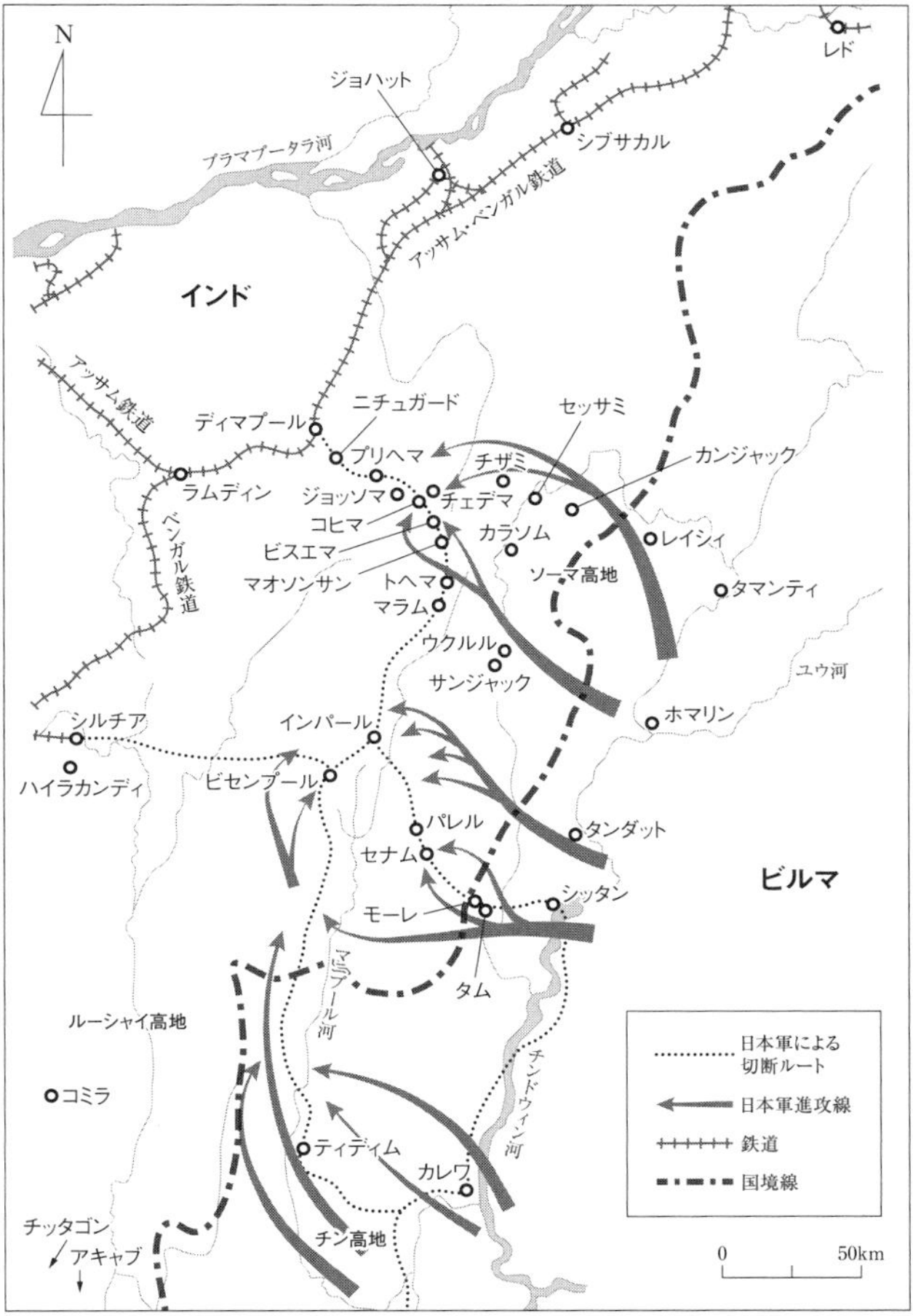

『コヒマ　悲劇のインパール作戦、日本かく戦えり』（アーサー・スウィンソン、長尾睦也訳、早川書房、1967年）の図を元に作成

ら西へ一五〇キロほどのチンドウィン川西岸の兵站主地までは第一五軍の管轄で、そこから第一線までは第一五軍隷下の三個師団がそれぞれ補給幹線を維持する。

この補給幹線でもっとも負担がかかるのは、ビルマ縦貫鉄道からチンドウィン川までだった。そこでここを担任する第一五軍は、自動車中隊一五〇個（七五〇〇両）など兵站部隊の大増強を求めた。ところがまずビルマ方面軍はこの要求を九〇個中隊、続いて南方軍は二六個中隊、さらに大本営は一八個中隊にまで削り、しかもそれがいつ現地に届くのかはっきりしていなかった。これは大変と第一五軍参謀長の小畑信良《おばたのぶよし》（大阪、陸士三〇期、輜重兵《しちょうへい》）は、軍司令官の牟田口廉也《むたぐちれんや》（佐賀、陸士二二期、歩兵）にインパール盆地への進攻作戦を断念するよう上申を重ねた。

ところが牟田口は聞く耳を持たない。中学出で輜重兵出身の小畑には、引き立ててくれる大物の先輩、親身になって支えてくれる有力な後輩がいない。困り果てた小畑は、第一五軍の隷下にあった第一八師団長で参謀本部第一部長（作戦部長）の要職にあった田中新一（北海道、陸士二五期、歩兵）に牟田口を説得してくれるよう懇願した。

しかし、田中がいくら説いても牟田口は翻意しない。あきれた田中は「参謀長が隷下の師団長に軍司令官の説得を頼むとは珍しい司令部だ」との嫌みを口にしたから、牟田口は激高して小畑を罷免することになり、陸軍省人事局もこれを認めて小畑は更迭され、関東軍情報部に飛ばされた。これで第一五軍司令部から兵站を重く見る良識が失われた（大田嘉弘《よしひろ》『インパール作戦』ジャパン・ミリタリー・レビュー、二〇〇八年）。

インパール作戦といえば、牟田口廉也の特異なキャラクターが大きく取り上げられるが、それと同時に彼を取り巻く人間模様も深刻な問題を巻き起こした。まずはビルマ方面軍司令官の河辺《かわべ》正三《まさかず》（富山、陸士一九期、歩兵）と牟田口の関係だ。広く知られているように、昭和十二年七月の盧溝橋《ろこうきょう》事件に際して現地にいた支那駐屯歩兵旅団長が河辺、同歩兵第一連隊長が牟田口だった。これからあの二人は親しい関係にあると見る人も多かった。しかし、中国軍に一撃を加えるべきとの積極策を主張する牟田口を抑えるのに河辺は苦労し、それから二人の仲はしっくり行かず、それがビルマにまで持ち込まれたとも思える。

インパール街道をコヒマで遮断したものの、補給が届かないと独断後退をあえてした第三一師団長の佐藤幸徳《こうとく》（山形、陸士二五期、歩兵）と牟田口の関係も古い。この二人は昭和六（一九三一）年ごろに結成された軍内結社の「桜会」の主要メンバーだった。牟田口は参謀本部をまとめ、佐藤は会員規約を作成した。昭和九（一九三四）年に第六師団参謀に転出した佐藤は、九州各地で過激な講演を重ねていたが、これに厳重注意をしたのが参謀本部庶務課長の牟田口だった。これで二人の関係は悪化し、それをインパール作戦まで引きずった形となった。

第一五師団長の山内正文《まさふみ》（滋賀、陸士二五期、歩兵）は、早くから有望株として期待された人だった。陸軍大学校を卒業してすぐに参謀本部第二課作戦班の勤務将校に選ばれたのだから、並の秀才ではない。そして七年にわたるアメリカ駐在、米陸軍の指揮幕僚課程を修了した数少ない一人だった。ところが駐米大使館付武官のとき、結核に罹患《りかん》したようで健康に勝《すぐ》れないままビルマに出征し、ようやく歩けるという病状だった。そして昭和十九年八月にビルマで陣没した。

昭和四十一（一九六六）年八月に亡くなるまで牟田口は、インパール作戦に関する批判に反論し続けた。終戦早々、仏門に入って読経三昧で過ごした河辺とは好対照だった。そして牟田口が強く批判したのは、独断後退をして軍の作戦を根底から覆した第三一師団長の佐藤幸徳ではなく、主攻を担任した第三三師団長の柳田元三《やなぎだげんぞう》（長野、陸士二六期、歩兵）だった。柳田は陸大を卒業後に配置されたのは、エリートの証《あかし》というべき軍務局軍事課予算班だった。それから柳田は陸士二六期の先頭を走り抜けた。

加えて柳田は、対ソ情報のエキスパートという顔も持っていた。彼はポーランド、ソ連、ルーマニアで駐在員や公使館付武官を経験している。そして対ソ諜報の元締めだったハルビン特務機関長のとき、関東軍の特務機関や情報部局を整理・統合して関東軍情報部を立ち上げた。この実績は高く評価されて柳田は大将街道に乗り、親補職を早く経験させようと同期の先頭で師団長に就任することとなった。

第三三師団は昭和十四年二月、仙台で警備師団として編成され、第一四師団（宇都宮）の子部隊で、戦力に定評のある兵団だった。そのためインパール攻略の主力となり、野戦重砲兵連隊二個、戦車連隊と独立工兵連隊それぞれ一個の配属を受けて、英軍が建設した自動車道を使って攻め上がることとなった。

昔から日本軍で語られたことだが、情報畑の育ちで優秀な人ほど先が読めるからかすぐに消極的になり、遅疑逡巡《しゅんじゅん》に陥り戦機を逃しやすいから、野戦の将帥には向いていないとされていた。柳田はまさにこの好例となり、作戦前から攻勢作戦を疑問視し、軍司令部に再考を求め続けた。作戦中もすぐに補給が不安だとして追撃の手をゆるめて英軍を逃がしてしまう。そのたびに軍司令部に作戦中止の具申をしては、牟田口の激怒を招く。師団司令部も内部崩壊の様相を呈した。参謀が提出した作戦計画に「本当にこんなことができるのかね」と疑問を口にしてから裁可するというのだからだれもがやる気を失う。

第三三師団は三月八日に攻勢を発起し、四月十日にようやくインパール盆地の入り口に到達した。一方、三月十五日にチンドウィン川を越えて険路を克服した第三一師団は、四月六日にコヒマを占領してインパール街道を遮断した。同じく第一五師団は四月八日、コヒマとインパールの中間でインパール街道に頭を出した。第三三師団の緩慢な動きで勝機を逸したことは明らかだ。

後方連絡路を遮断された英軍は、補給や補充の一切を空輸に頼る「円筒陣地」で持久して戦力比を逆転させ、六月二十二日にインパール街道を打通した。これで第一五軍は作戦続行を断念し、防勢転移をビルマ方面軍に具申したが、すぐには受け入れられなかった。南方軍、大本営で協議の末、第一五軍に後退命令が下されたのは七月十三日だった。

高級指揮官の強すぎる恥の意識、各司令部の面目などが絡み合い、なかなか後退の決心が付かなかったわけだ。こうして雨季の最盛期における退却行となり、経路は靖国《やすくに》街道とか白骨街道と語られる凄惨な様相となった。インパール作戦での日本軍死没者は三万六〇〇〇人、ビルマ戦線全体で一五万八〇〇〇〇人にのぼるとされる。

第三章　習熟していなかった海洋国家の戦い方

等閑視され続けた海上護衛戦

起きて欲しくないことは考えない体質

大正三（一九一四）年七月下旬、第一次世界大戦が始まり、八月四日からイギリスとドイツは交戦状態に入った。この事態に対応すべく、日本海軍はすぐに臨時欧州戦史調査部を設け、在外海軍武官に調査に当たるように指示するとともに、急ぎ特別調査団をイギリスに派遣した。翌年二月からはドイツの潜水艦による通商破壊戦（敵国の海上交易路に対する攻撃）が始まった。続いて大正六（一九一七）年二月からドイツは無制限潜水艦作戦（中立国も含む商船に対する無警告の攻撃）を展開し、イギリスの生命線である海上連絡路は危殆《きたい》に瀕し、イギリス本土では飢餓の可能性が高まった。

そこでイギリスは同盟関係にある日本に支援を求めた。これに応じた日本海軍は、第二特務艦隊を編成して地中海に派遣し、マルタ島を根拠地として船団護衛に従事することとなった。大正六年四月上旬から翌七年十一月の休戦までに、駆逐艦一二隻を主力とする第二特務艦隊は、艦隊単独での船団護衛だけでも三五〇回を重ねた。護衛した船舶の合計は八〇〇隻にのぼる。ドイツ潜水艦との交戦は三六回を数え、そのうち一三回は撃沈もしくは大損害を与えたと判定されており、日本側の喪失艦艇はなかった（海軍有終会編『近世帝国海軍史要』海軍有終会、一九三八年）。

この地中海における海上護衛戦の実戦体験は、日本海軍にとって貴重なものだった。また、イギリスに派遣された特別調査団は同盟国という立場以上に厚遇され、軍事機密である英海軍高級司令部の職員表をメモすることも許されたという。こうして集められた資料をもとに、海軍軍令部が中心となって海上護衛戦や通商破壊戦に関する参考資料集を編纂《へんさん》し、関係部署や各術科学校に配布した。ところが月日がたつにつれ、この参考資料集を補《ほ》輯《しゅう》・修正する地道な作業が忘れられ、さらには資料そのものが死蔵されてしまった。

第一次世界大戦が終結すると軍縮の時代となり、軍備に優先順位が付けられることとなった。そうなると海上護衛戦、通商破壊戦対処といった地味な分野の優先順位は下位に置かれ、ついには中央官衙のどこが扱っているのかすら定かではなくなる。まず海軍軍令部（昭和八年五月以降、軍令部）については、これらを扱っている部署は防備計画や通商保護計画を所掌している第一部第二課なのか、それとも運輸補給計画を所掌している第二部第四課なのかがはっきりしない。海軍省でも、海上護衛制度を扱っている軍務局第一課

（軍事課）なのか、運輸に関する事項を扱う兵備局第三課なのか曖昧だった。

海軍軍令部第二課は毎年、「戦時通商保護計画要領」を作成していたから、ここが中心となって海上護衛戦の計画を練っていたのだろうと推測はできる。ではだれが主務者なのかというと、実に心もとない。もし海軍軍令部に皇族が勤務していれば、その御付武官が片手間で海上護衛の問題を扱っていた。皇族が勤務していない場合は、ほかの部員が兼務で済ませていたという。これが「海洋国家」日本の実情だった。

四面環海で賦存資源が乏しく、交易で生きている国家が海上連絡路の安全を失えば、すぐさま飢餓に襲われる。それは大英帝国と自ら豪語していたイギリスも例外ではない。両次大戦中、イギリスが重視していたのはアルゼンチン航路だった。ここからの小麦と食肉の移入が途絶えれば、イギリスは飢餓に瀕するからだ。第二次世界大戦中、連合国は中南米各国に枢軸国への宣戦布告を強く求めていたが、アルゼンチンにはそう露骨に圧力をかけることを控えていたのには、そんな背景があったからだとされる。

昭和十六（一九四一）年七月二十八日、日本が南部仏印（北緯一七度以南のベトナム）に進駐したところ、早くも同年八月一日にアメリカは対日石油輸出を全面的に停止した。昭和十（一九三五）年から十三（一九三八）年までの年平均で見ると、日本の原油および石油製品の海外依存度は九二パーセントに達しており、その七割がアメリカからの輸入だった。ここで日本は、「臥薪嘗胆」と妥協策を探るか、それとも「自存自衛」の旗の下、戦争に打って出るかの二者択一を迫られた。戦争に訴えるとなれば、継戦能力を維持できるだけの船腹量を確保できるのかが問題になる。すなわち、戦時になってからの船舶の損耗量と造船量を綿密に見積もっておくことが重要になってくる。

そこでまず大本営と政府は、船舶の損耗予測について海軍に問い合わせた。前述したように、海軍でこの問題を扱っている部署はどこか定かではなかったが、運用の問題だから軍令部で見積をやることとなった。軍令部はサイコロを振って判定する兵棋演習（図上演習）を何回か重ね、それで得たデータをもとに軍令部第二部第四課（動員課）で見積をまとめ上げ、昭和十六年八月末に大本営と政府に提示した。この船舶の損耗見積によると、戦争第一年目は八〇万総トン、第二年目は六〇万総トン、第三年目は七〇万総トンとされた（一総トン＝一〇〇立方フィート、約二・八三立方メートル）。これは、戦時に一般船舶が活発に動けば一割ぐらいは損耗するだろうという腰だめの数字だったようで、取りまとめた第四課の主務者も、自信が持てるものではなかったと述懐していたという。

昭和十六年十月、東條英機内閣が成立し、国策の再検討が始まった際、改めて船舶の損耗見積が求められた。そこで軍令部が提示した数字は、戦争第一年目は七〇万総トン、第二年目は六〇万総トン、第三年目は四〇万総トンと下方修正されたものだった。どうして下方修正したかは明らかではないが、前回の見積だと戦争を決意できず、「臥薪嘗胆」路線に傾くので、積極論者のだれかが数字をリメイクしたとも考えられよう。

数字を精査した結果として十月末に再提示された船舶の損耗見積は、戦争第一年目は八〇万～一〇〇万総トン、第二年目は六〇万～八〇万総トンという漠然としたものとなった。大本営と企画院を中心とする政府は、さらに漠然と年間八〇万～一〇〇万総トンで推移すると見積もった。見積が漠然としていたからこそ、日本は後先のことを深く考えずに戦争に踏み切れたともいえるだろう。

開戦に際しては、外航船舶を陸軍徴傭の「A船」、海軍徴傭の「B船」、南方資源の内地還送や民需に当てる「C船」とに分けることとされた。当初の計画によると、B船は戦争期間中を通じて海軍が求める一八〇万総トンを維持し続けるとされていた。A船は南方への戦略展開の進展に応じて段階的に解傭して、開戦八ヵ月以降は一〇〇万総トンとする。その解傭分をC船に回せばC船は三〇〇万総トンとなり、昭和十六年度における経済活動のレベルは維持されるとされ、戦争目的の「自存自衛」が達成でき、不敗の長期持久も夢

表3　徴傭船舶の推移（500総トン以上、t＝総トン）

	A船	B船	C船
16年12月	511隻 206万4600t	700隻 194万5400t	1525隻 237万4000t
17年12月	349隻 126万4000t	640隻 173万8900t	1741隻 310万8800t
18年12月	379隻 118万6200t	611隻 152万6800t	1634隻 205万6600t
19年7月	289隻 83万7400t	478隻 93万3700t	1901隻 198万3900t
20年6月	107隻 22万8000t	304隻 43万300t	1720隻 173万3300t
20年8月	海運総監部で一元運営。1099隻 156万1300t		

運輸省海運統計より作成

ではないと考えられた。実際の徴傭船舶の推移状況は［表3］の通りである。

船舶をめぐる問題でもう一つの要素が造船量だ。昭和十六年度の日本の造船量は四〇万総トンだった。戦時態勢に入るに際して、戦標船（戦時標準船）と呼ばれた統一規格を設けるなどして生産効率を向上させ、鋼材や銅、労働力を造船に傾斜配分すれば、年間六〇万総トンの建造が可能になると見積もられていた。これならばC船三〇〇万総トンは維持できるだろうから、「自存自衛」の旗を掲げ続けられると考えたのだろう。そこに落とし穴があった。船舶の損耗量と造船量には負のスパイラルがあることを見落としていた。

当時の造船技術では、一万総トンの貨物船を建造するには普通鋼材六八五〇トンを必要とした。これだけの量の鋼材を生産するには、鉄鉱石七〇〇〇トン、マンガン鉱石四四トン、コークス二〇〇〇トン、石灰岩六五トン、そしてスクラップ（屑鉄《くずてつ》）一三七〇トンを必要とする。昭和十年から十三年にかけての年間平均で海外依存度は、鉄鉱石が八七パーセント、マンガン鉱石が六八パーセント、コークス用の高粘結炭が一〇〇パーセント、スクラップが五〇パーセントであった（飯田賢一『日本の技術2　鉄の一〇〇年　八幡製鉄所』第一法規出版、一九八八年）。

鉄鋼生産はこれほど海外依存度が高いため、たとえ一ヵ月でも原材料の供給が滞れば、造船界に多大な影響をおよぼし、建造量は減少する。保有船腹量が減れば原材料の調達・供給が滞る。そしてそれはまた造船量に影響する。そしてまた……と悪循環の蟻地獄《ありじごく》に陥ることとなる。実際に戦争中は常にこのような事態となり、関係者はこれを「循環的矛盾」と称して頭を抱えていた。この船舶の損耗と建造の推移を［表4］でまとめた。

護送船団のあるべき姿と日本の実態

船舶の損耗見積がここまで大きくはずれたとなると、日本海軍は自国の商船隊の保護に

表4　船舶の損耗と新造（500総トン以上、t＝総トン）

	損　耗	新　造
16年12月〜17年6月	91隻 40万8343t	39隻 11万4090t
17年7月〜17年12月	130隻 61万9283t	42隻 15万1872t
18年1月〜18年6月	165隻 72万3921t	85隻 26万100t
18年7月〜18年12月	252隻 103万632t	170隻 50万8985t
19年1月〜19年6月	435隻 175万2138t	351隻 87万7372t
19年7月〜19年12月	531隻 203万6630t	352隻 82万2494t
20年1月〜20年8月	712隻 178万7283t	188隻 55万9563t
合 計	2316隻 835万8230t	1227隻 329万4476t

運輸省海運統計より作成

無関心だったと言うほかない。それは海洋国家であることを自ら否定したということになろう。いや、これは戦争だから想定外のことが起きるのは仕方がないと弁解はするだろうが、実は戦争前から自国の商船隊の安全を保証するという姿勢は、日本の海軍にも政府にも見られなかった。

日本は昭和十五（一九四〇）年度から、欧米による経済封鎖を見越して戦略物資や工作機械の駆け込み輸入を数次にわたって行なった。輸入先はアメリカ、カナダ、南米諸国といったところだ。昭和十六年の夏ごろまでには多くが内地に帰還したが、いつ日米開戦となるかもしれない情勢のなか、民間船は公的支援を受けることもなく、まさに薄氷を踏む思いで航海を続けていた。遅くに出発した貨物船のなかには、帰航時には恐ろしくてパナマ運河を使えず、南米大陸を南下して迂回し、遠くドレーク海峡を回って開戦後に日本にたどり着いたという例もあった。これはまさに「特攻輸送」であり、太平洋戦争とは「特攻に始まり、特攻に終わった」と総括できるだろう。

他方、イギリスは海洋国家であるとの自覚と第一次世界大戦での戦訓から、第二次世界大戦の勃発に即応した。昭和十四（一九三九）年九月一日、開戦の時点でイギリスの商船隊は、外航船三〇〇〇隻、内航船一〇〇〇隻、合計二一〇〇万総トン、一日あたり二五〇〇隻が運航されていた。これを暗号無線で開封が指示されるシールド・オーダー（密封命令）によって、すぐさま戦時態勢に移行させて護送船団を組んだ。

まず、英仏海峡や大西洋沿岸部にある船舶は、コーンウォール半島のプリマス、あるいはセントジョージ海峡のミルフォードヘブンに入港するよう指令された。また、テームズ川河口部から北海に出るものはOA船団、リバプールからノース海峡、セントジョージ海峡を通って大西洋に出るものはOB船団とされた。テームズ川河口部からフォース湾への内航船団を加えたこの三つの船団は開戦七日後の九月八日から動きだし、独航（単独の航行）は禁止された。

イギリス本土に帰航する船団については、次のように組織された。まずはイギリスにとって生命線である北大西洋航路だが、潜水艦が追尾できない一五ノット以上の優速船は独航が許された。九～一四・九ノットの船舶は、カナダのノバスコシア州ハリファックスに集結してHX船団とされた。七・五～八・九ノットの船舶は、同じくカナダのケープブレトン島のシドニーでSC船団を組む。HX船団の第一便は、九月十六日にハリファックスを出港している。

また、地中海や北アフリカにある船舶はジブラルタル、南米やアフリカ南部にある船舶はシェラレオネのフリータウンに集結して船団を組むこととされた。フリータウンからの第一便は、九月十四日に出港している。このようにイギリスは地球規模の護送船団を迅速に組織したのだが、それでもドイツの無制限潜水艦作戦によって致命的とも思われる損害を被った。昭和十五年五月の一ヵ月間でイギリスは船舶三一隻・八万二〇〇〇総トン、同盟国の船舶二六隻・一三万四〇〇〇総トン、中立国の船舶二〇隻・五万七〇〇〇総トンを失っている（ウィンストン・チャーチル『第二次大戦回顧録』毎日新聞社、一九四九年）。

日本は海外拠点を地球規模で展開していたわけでもないし、先手を取って開戦に踏み切ったから、イギリスとはまた違った対応になる。日本商船団の主力は南方進攻作戦に投入されており、どういう形にせよ連合艦隊の艦艇や航空機に掩護されていた。南方進攻作戦が順調に進展し、南方資源地帯を制圧すると、いよいよ日本の戦争目的である「自存自衛」に直結した資源の本土還送のための態勢確立が問題になってくる。

南方資源の本土還送で幹線航路となる門司《もじ》～昭南《しょうなん》（シンガポール）間の護衛は、東シナ海までは佐世保鎮守府、台湾海峡部は澎湖《ほうこ》諸島の馬公《まこう》警備府が担当し、南シナ海に入ると連合艦隊が引き継ぐことになっていた。これをどこかが一括して扱うべきだとの議論が持ち上がった。幹線航路の一括護衛はもっともな話にせよ、現実にはそれに充当する戦力が不足していた。開戦時、海上護衛戦に投入できる戦力は、旧式駆逐艦一六隻、水雷艇一二隻、掃海艇一九隻、海防艦四隻、敷設艦四隻、航空機二〇一機と限られていた。

昭和十七（一九四二）年四月十日に第一と第二の海上護衛隊が編成されることとなった。第一海上護衛隊は連合艦隊と南西方面艦隊に属し、第二海上護衛隊は連合艦隊と第四艦隊に属するとされた。第一海上護衛隊の担任区域は、三つに分けられていた。すなわち、①瀬戸内海から東シナ海および台湾海峡にいたる北区域、②台湾海峡から南シナ海を南下してマレー半島方面に向かう西区域、そして③南シナ海からスールー海に入り、ボルネオとセレベスの間のマカッサル海峡を通る東区域だ（図5参照）。第二海上護衛隊の担任区域

図5　南方資源還送航路

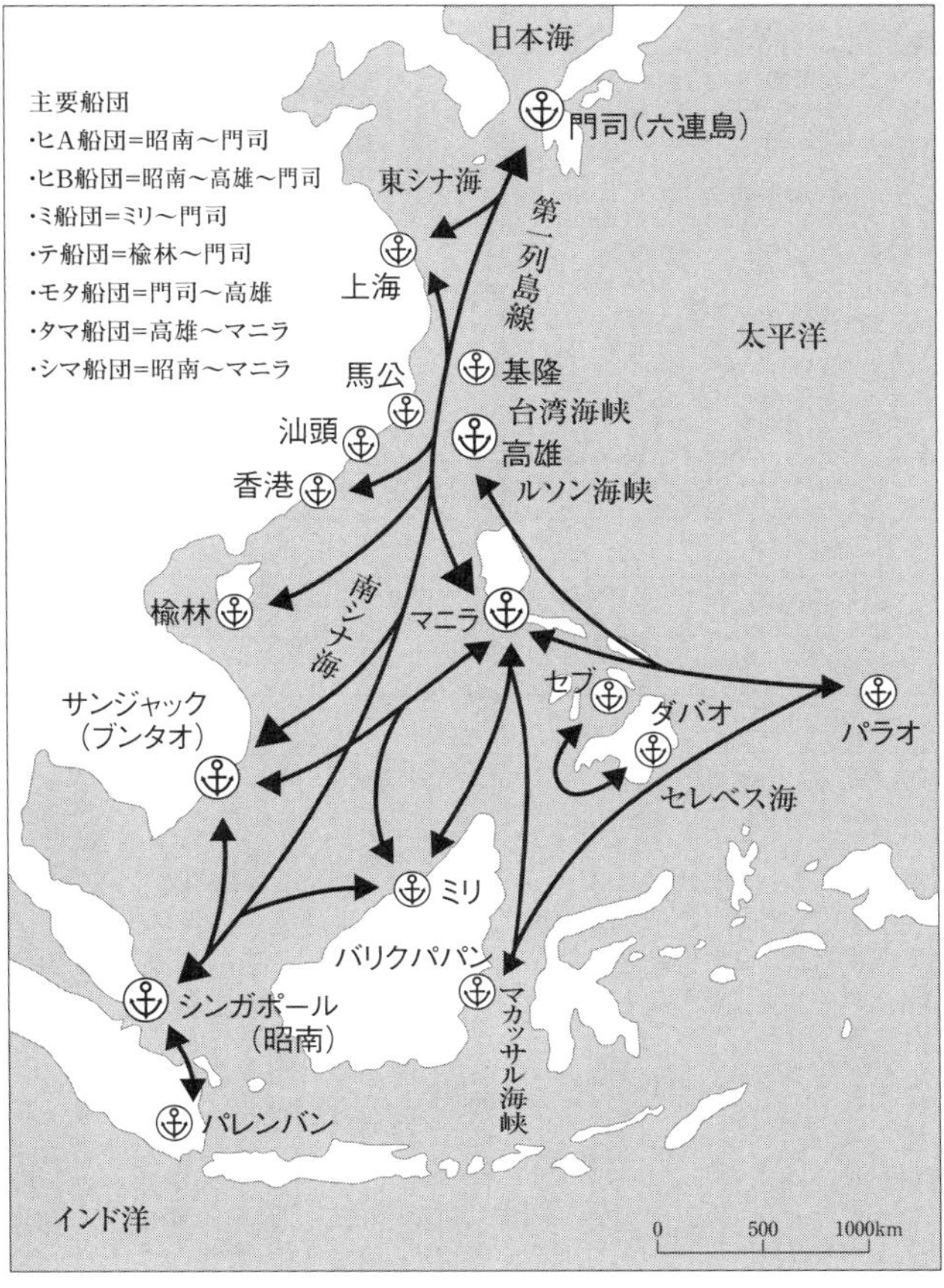
日本海
主要船団
・ヒA船団＝昭南～門司
・ヒB船団＝昭南～高雄～門司
・ミ船団＝ミリ～門司
・テ船団＝楡林～門司
・モタ船団＝門司～高雄
・タマ船団＝高雄～マニラ
・シマ船団＝昭南～マニラ
門司（六連島）
東シナ海
第一列島線
上海
太平洋
馬公
基隆
台湾海峡
汕頭
高雄
香港
ルソン海峡
南シナ海
楡林
マニラ
セブ
ダバオ
パラオ
サンジャック
（ブンタオ）
セレベス海
ミリ
バリクパパン
マカッサル海峡
シンガポール
（昭南）
パレンバン
インド洋
0
500
1000km

表5　護送船団の月間運航状況（昭和18年8月、船団数／船舶数）

区間	南航	北航
門司（六連島）～高雄（馬公）	11／95	13／101
高雄（馬公）～サンジャック	8／67	7／74
サンジャック～昭南	7／35	6／21
昭南～マニラ	0／0	0／0
サンジャック～マニラ	0／0	0／0
高雄（馬公）～マニラ	5／24	4／8
門司～昭南	2／11	3／11
マニラ～バリクパパン	3／14	2／10
マニラ～パラオ	2／14	1／3
バリクパパン～パラオ	2／6	2／6
その他	1／2	
合　計	79／502	

戦史叢書『海上護衛戦』より作成

は、内地から第二列島線（伊豆諸島～小笠原諸島～マリアナ諸島）で内南洋、さらにラバウルまでとなる。

第一海上護衛隊が護衛した最初の船団は、昭和十七年四月二十一日に六連島《むつれじま》泊地を出発した輸送船六隻で、馬公を経由してサンジャック（現ブンタオ）到着が五月五日だった。護送航路は逐次拡大され、昭和十七年十二月までに門司～高雄（二日ごと）、高雄～サンジャック（四日ごと）、サンジャック～昭南（四日ごと）、馬公～マニラ（一〇日ごと）、マニラ～バリクパパン（一〇日ごと）の五本となっていた。護送船団が最大規模になったのは、昭南～門司の一貫航路が動き出した昭和十八（一九四三）年八月となる。その運航の状況は［表5］で示した。

日本の命運を決する南方産油の内地還送

燭光《しょっこう》が見えたかに思えた石油事情

太平洋戦争開戦時、日本の総貯油量は八四〇万キロリットル（原油換算七二〇万トン）、貯油施設は建設中のものを含めて一〇〇〇万キロリットル分あったとされる。国内の製油所としては、主力は瀬戸内海の徳山（海軍燃料廠《しょう》）、岩国（陸軍燃料廠）、大竹、下松《くだまつ》があった。そのほか大阪湾では尼崎《あまがさき》と和歌山県下津《しもつ》、伊勢湾では四日市（海軍燃料廠）、東京湾では横浜、鶴見、川崎など合計三十数ヵ所となっており、原油の処理能力は日量一万五〇〇〇キロリットルだった。

開戦に先立つ海軍の見積によれば、海軍は開戦後の一ヵ月間で艦艇用の重油二〇万キロリットル、航空ガソリン二万五〇〇〇キロリットル、そのほかを合計して二三万三〇〇〇キロリットルの石油類を消費するとし、戦争第一年目で二八〇万キロリットルが必要と試算された。また陸軍と企画院の試算によると、戦争第一年目で陸軍は一〇〇万キロリットル、民間は一四〇万キロリットルを消費するとした。これで陸海民合計で年間五二〇万キロリットルを消費することになる。

このような数字を見る限り、石油備蓄にまだ余裕があるように思うのが間違いだ。貯油には最後の最後まで手を付けられないものがある。すなわち決戦予備備蓄としての五〇万キロリットル、国内向けの総予備一〇〇万キロリットル、貯油タンクの底に焦げ付いた八〇万キロリットル、合計二三〇万キロリットルだ（戦史叢書《そうしょ》『海軍軍戦備〈1〉』）。とにかく開戦前の見積が甘かった。実際には戦争第一年目だけで、海軍は四八五万四〇〇〇キロリットル、民間は二四八万二〇〇〇キロリットル、陸軍は九一万五〇〇〇キロリットル、合計八二五万一〇〇〇キロリットルを消費した。戦争第一年目で早くも手を付けてはならない分を取り崩しつつあったことになる。確実に補充できるのは国産原油の三〇万〜四〇万キロリットルにすぎない。焼け石に水とはまさにこのことだ（表6参照）。

こうなると一刻も早く南方産油を内地に還送しなければ、日本は継戦能力そのものを失ってしまう。開戦前の計画では、戦争第一年目に三〇万キロリットル、第二年目に二〇〇

表6　燃料の需給推移 (kl=キロリットル)

●供　給

開戦時貯油量	陸軍	海軍	民間	合計
	120万kl	650万kl	70万kl	840万kl

	昭和17年	18年	19年	20年8月まで
国　産	26.5万kl	27.4万kl	25.4万kl	16.0万kl
人造石油	24.0万kl	27.4万kl	21.9万kl	4.5万kl
南方還送油	148.9万kl	264.6万kl	106.0万kl	0
合　計	199.4万kl	319.4万kl	153.3万kl	20.5万kl

●消　費

陸　軍	91.5万kl	81.2万kl	67.5万kl	14.5万kl
海　軍	485.4万kl	428.2万kl	317.5万kl	56.9万kl
民　間	248.2万kl	152.6万kl	83.7万kl	8.5万kl
合　計	825.1万kl	662.0万kl	468.7万kl	79.9万kl

戦史叢書『大本営海軍部・連合艦隊〈2〉』、『海軍軍戦備〈2〉』より作成

*1　人造石油のほとんどは、遼寧省撫順で生産されたシェール・オイル(頁岩油)で、主に潜水艦の燃料に当てられた。

*2　このほか18年と19年には、カラフト北部のオハ産油2.7万klが輸入された。

*3　この統計によると、消費量が供給量よりも約500万kl上回っているが、これは内地に還送しないで、現地で消費されたもの。

万キロリットル、第三年目に四五〇万キロリットルの南方産油を内地に還送するとしていた。しかし、これでも海軍の貯油量は減る一方で、戦争第一年目で二五五万キロリットルが残るものの、第二年目でなんと一五万キロリットルに落ち込み、第三年目でようやく七〇万キロリットルにまで回復すると推算されていた。燃料事情がどうにか好転するのは、戦争第三年目以降ということになる。なんとも危ない綱渡りだが、「持たざる国」の戦い方は、どうしてもこうなるのだろう。

戦争目的である「自存自衛」を達成するために日本が攻略した南方産油地帯の概要は、次のようになっていた（図6参照）。

ボルネオは、セレベス海とマカッサル海峡に面するカリマンタンと、南シナ海に面するサラワクとに分けられる。前者の産油地帯はオランダ領インドネシア、後者はイギリス領のブルネイとなる。カリマンタンの油田としては、北部のタラカンと中部のサンガサンガが知られており、製油所はバリクパパンにあった。この一帯の産油量は昭和十五年で年産二一〇万キロリットルだった。とくに日本は大正初期からタラカン産油を輸入しており、この原油はそのままで艦艇のボイラーで焚け、また潜水艦のディーゼル・エンジンにも使えるので、海軍が渇望していたものだった。海軍に割り当てられた産油地帯は、ここカリ

図6　南方資源地帯

マンタンだけで、南方産油全体の二〇パーセントほどに止まった。これが海軍の不満の種となっていた。

同じくボルネオのサラワクは陸軍が所掌する地域で、油田はセリアとミリが知られており、製油所はルトンにあった。昭和十五年の産油量は年産一〇〇万キロリットルあったが、油田そのものが老朽化しつつあり、将来性は見込めないとされていた。それでも日本にもっとも近い産油地帯だったから、昭和十九（一九四四）年に入ってから、ミリ～マニラ～門司をつなぐ石油専用の「ミ」船団が運航されていた。

スマトラは産油地帯で見れば、中部と南部とに分かれており、昭和十五年の産油量は、中部で年産一〇〇万キロリットル、南部で年産五〇〇万キロリットルだった。スマトラ産油の内地還送が進めば、日本は燃料については継戦能力を維持できることになる。中部の油田は数ヵ所あり、製油所はマラッカ海峡に面するバンガランにあった。主力となる南部の油田は、内陸部に数ヵ所あり、ジャンビ油田が知られていた。

スマトラ南部のパレンバンには、ロイヤル・ダッチ・シェル社系とスタンダード・オイル社系の製油所が並んでいた。それぞれ日量七二〇〇キロリットルを処理できる世界有数の製油所だ。パレンバンの港湾はムシ川の河川港のため、大型の外航タンカーは接岸できなかった。そこで中型、小型のタンカーで四〇〇浬北方、昭南付近のブクム島やサンボー島の貯油施設に送り、そこで大型タンカーに移載していた。

油田や製油所、関連施設はオランダ軍によって大きく破壊されていたが、産軍一体となって行なわれた復旧工事は順調に進んだ。これを見た大本営政府連絡会議は、昭和十七年三月初頭、戦争第一年目の南方産油取得量を三〇万キロリットルから一七〇万キロリットルに上方修正することを決定した。

昭和十七年二月二十三日、南方産油の内地還送第一船がセリア産油を積んでブルネイのルトンを出港した。翌月十一日にはミリからの第一船が横浜に入港している。海軍が待ち

表7　種類別の内地還送油（kl=キロリットル）

	昭和17年	18年	19年	合計
原　油	108.2万kl	190.7万kl	80.0万kl	378.9万kl
航空ガソリン	16.5万kl	31.4万kl	30.0万kl	77.9万kl
普通ガソリン	15.5万kl	10.8万kl	3.8万kl	30.1万kl
重　油	8.7万kl	31.7万kl	19.5万kl	59.9万kl

戦史叢書『海軍軍戦備〈2〉』より作成

*この統計では昭和20年が欠けているが、原油2.6万klと航空ガソリン8.4万klの内地還送があった。

望んでいたタラカン産油の徳山向け第一船が現地を出港したのは、同年四月二十九日だった。還送が遅れると見られていたスマトラ産油も、同年七月から岩国の陸軍燃料廠に到着し始めた。内地の製油所の多くは、カリフォルニア産油向けの仕様だったが、これを南方産油向けに切り替える作業も進められた。

こうして昭和十七年中の南方産油の内地還送量は、原油一〇八万二〇〇〇キロリットル、航空ガソリン一六万五〇〇〇キロリットル、自動車ガソリン一五万五〇〇〇キロリットル、重油八万七〇〇〇キロリットル、合計一四八万九〇〇〇キロリットルに達した。さらなる増産が見込めるのだから、「自存自衛」の戦争目的を掲げての「長期持久」は可能になったと信じた人がほとんどだったろう（表7参照）。

だが、南方産油地帯を制圧したことで、日本は同時に大きな負担も背負い込むことになった。それまで南方全域で採掘、製油、輸送、販売などを行なってきたロイヤル・ダッチ・シェル社系のライジングサン社とスタンダード・オイル社の業務一切を陸海軍の軍政が代行しなければならないからだ。こうしたなかで、いわゆる大東亜共栄圏への年間燃料供給量は、昭和十七年度は次のように定められた。すなわち、日本一九〇万キロリットル、満州国一四万キロリットル、中国二万キロリットル、タイ一〇万キロリットル、仏印三万キロリットル、フィリピン一〇万キロリットル、マレー七万キロリットル、蘭印（インドネシア）四万キロリットルだ。

燃料が円滑に供給されなければ、民生が安定しないため、戦略物資の入手が滞る。石油の採掘と精製は大手石油会社の社員を徴傭してまかせることになるが、製品の輸送や販売となると既存のネットワークを使わざるを得ない。そうするとここでも華僑の問題がからんでくる。軍政当局が扱うとなったものの、販売価格すら定められない。

第一六軍が軍政を担当したジャワは人口が多く、東部に油田や製油所があった。ここの住民は石油施設の復旧にも人手を出すなど軍政に協力的だった。そんなことで第一六軍の軍政当局は、ジャワでの石油価格をオランダ統治時代の半額に設定した。

ところが南方軍の軍政当局は、石油が産出しない地域への輸送費などを勘案し、「八紘一宇」だから一律だということで、オランダ統治時代の価格の二倍に設定し直してしまった。結果、ジャワでは当初の四倍の価格に跳ね上がることになった。これでは軍政に対する信頼感が失われるということで、第一六軍は南方軍総司令部に直訴して、オランダ統治時代の価格に落ち着いたという（今村均《ひとし》『私記・一軍人六十年の哀歓』芙蓉書房、一九七〇年）。

軍政をまかせられると軍人であることを忘れてにわか商人となり、目に見える数字で実績を示さなければならないとなる。そして専門家にはまかせない狭量さ、それが日本の軍人というよりは、日本の役人の救いがたい性癖なのだろう。

ネックとなったタンカーの争奪戦

戦争第一年目における南方産油の取得量が一七〇万キロリットルも見込めるようになったのだから、緒戦の進攻作戦で消費した燃料をここで補塡し、内地の貯油タンクを満杯にするのが急務となった。まだ米海軍の潜水艦による海上交通破壊戦も本格化していないのだから、すぐにもできる施策であるはずだが、それに充当するタンカーが手に入らないという想定外の事態となった。

開戦時、日本は海軍の給油特務艦、捕鯨母船、内航船などを含めてタンカー一一三隻、五四万六一〇〇総トンを保有していたとされる。これを徴傭してA船一一隻・一万八七〇〇総トン、B船五四隻・三七万一五〇〇総トン（給油特務艦九隻を含む）、C船四八隻・一五万五九〇〇総トンと区分けした。

民間の外航タンカーに限れば四〇隻・三六万総トンを保有しており、これをA船六万総トン、B船二七万総トン、C船三万総トンとに分ける計画だった。昭和十七年二月中旬の統計によると、捕鯨母船を含むタンカー事情は、A船二万二一〇〇総トン、B船三三万一〇〇〇総トン、C船九万三〇〇〇総トン、整備・休航中一万二二〇〇総トンとなっている（前掲『海軍軍戦備〈1〉』）。

このタンカーの配分は、あくまで戦争第一年目に南方産油の内地還送量が三〇万キロリットルになるという見積によるものだった。それが嬉《うれ》しい誤算で一七〇万キロリットルも見込めるとなったのだから、配船計画を全面的に見直さなければならないはずだ。すなわちC船タンカーの増強が求められたのだが、戦時標準船の建造が本格化するまで、当面はB船タンカーを回すほかかない。ところが海軍は、タンカーの割愛に一切応じない構えを見せた。海軍は、外航タンカーを二七万総トン徴傭しなければ連合艦隊は行動の自由を失い、任務を達成できないと強硬に主張した。

海軍がタンカーにこだわるのは当然だし、長年にわたってその整備には力を入れてきた自負がある。油槽を備えた最初の運送艦として「志自岐《しじき》」が建造されたのは大正五（一九一六）年だった。続いて大正九（一九二〇）年から大正十三年までに「知床《しれとこ》」「佐多」と岬の名前が付いた一万四〇〇〇排水トンの運送艦（給油特務艦）が九隻建造されている。昭和に入ると第一線艦艇の建造に予算が傾斜配分されたため、海軍が助成金を支出して民間船として建造し、戦時にこれを徴傭する方式に切り替えた。

この海軍の助成金で建造されたタンカーは、一万総トン級、二〇ノット、一万六〇〇〇載荷排水トン（満載時の排水トンから空船時の排水トンを引いたもので、タンカーのトン数表示に使われる）、原油ならば満載一万八〇〇〇キロリットルという優良船ばかりだった。真珠湾攻撃に向かった機動部隊に随伴したタンカー七隻はこの代表だ。二〇ノットを維持できるということは、米潜水艦の追跡を振り切れることを意味し、運航効率のよい独航が可能だ。門司〜昭南間は約三〇〇〇浬だから、積み取り、内地回航、積み卸し、整備に要する時間を勘案しても年間一五往復は可能だろう。優良タンカー一隻で原油の還送量は年間二七万キロリットル、一〇隻投入で二七〇万キロリットルという計算になる。

昭和十七年四月一日、船舶運営会が設けられ、船舶の運営・管理が一元化された。しかし、これは民間向けのC船に関してであって、海軍徴傭のB船には権限がおよばない。C船タンカーの運航はその重要性に鑑み、大本営陸軍部の運輸通信長官（参謀本部第三部長が兼務）が一隻ずつ直接に指示していた。だが、これまたB船には権限がおよばない。では、B船タンカーはどこが管理しているかだが、連合艦隊に組み込まれており、海軍省や軍令部の手すらおよばなかった。

早くも同年四月中旬になると、南方産油地帯の貯油タンクは満杯になりつつあり、早く積み取りにきてくれとの嬉しい悲鳴すら聞こえてきた。この問題については、陸軍次官と海軍次官を委員長とする陸海軍石油委員会で協議が重ねられた。協議するまでもなく結論はただ一つ、外航タンカーの多くを徴傭している海軍が、その一部でも解傭してC船に回すしかない。そんなことは、海軍省としても先刻承知している。

ところが連合艦隊は、予定されているFS作戦（フィジー、サモア、ニューカレドニア攻略）を理由にB船タンカーの解傭に同意しない。本当は、MI作戦（ミッドウェー攻略）とAL作戦（アリューシャン列島攻略）のためだが、この両作戦については軍令部と連合艦隊司令部とが対立していたため、両者の合意を得ていたFS作戦を口実に持ちだしたのだという。実際、MI作戦とAL作戦では、連合艦隊主力に給油特務艦五隻、B船タンカー一八隻が随伴している。これではB船タンカーの解傭に連合艦隊が応じるはずもない。

あれこれ協議しているうちに、五月中旬になると南方産油地帯の貯油タンクが満杯になり、内地に還送する予定がない灯油や軽油を燃やしたり、川に流したりし始めた。これを知った南方軍政の総責任者だった寺内寿一《ひさいち》総司令官（山口、陸士一一期、歩兵）は、「石油を取りにきたのに、取りにこないで燃やすしかないとは何事だ」と激怒し、強い調子の詰問電を東條内閣にぶつけた。南方産油の内地還送は、陸海軍の間に止まらず、政治問題に発展したわけだ。しかも、以前から寺内と東條との仲はしっくり行かず、さらには東條の後継首班は寺内ともささやかれていたから、厄介な問題に発展しかねなかった。

そこで改めて調査してみると、海軍は割り当てられたタンカーの船腹量よりも約一〇万総トン多く徴傭していることが判明した。目立つところでは、一万九〇〇〇総トンという日本最大の民間船だった「第二図南丸《となんまる》」と「第三図南丸」の捕鯨母船二隻が手違いでB船に回されていた。両船とも鯨油タンクを使って一万七〇〇〇キロリットルの原油を輸送できた。この問題が指摘されると海軍も歩み寄り、七月末以降にB船タンカーの既定超過分を解傭してC船に回し、南方産油の内地還送に充当すると協定した。

ところが海軍は、実際にはこの協定を守らなかった。「第三図南丸」は昭和十九年二月のトラック空襲で沈没、「第二図南丸」は同年八月に東シナ海の舟山列島付近で米潜水艦の雷撃を受けて沈没したが、最後までB船のままだった。

ただでさえ搭載武器を優先して航続力を犠牲にしている日本の艦艇は、十分なタンカーの支援がなければ作戦行動に支障をきたす。しかしそうだとしても、開戦時に協定したB船の外航タンカー二七万総トンはたとえなにがあっても確保しようという、海軍のかたくなな姿勢は批判されるべきだ。しかもあろうことか自分たちの不手際でタンカーを失っても、堂々と補塡を求める。新たな作戦で必勝を期するために要求するのだから、なにが悪いかというのが海軍の姿勢だった。

昭和十九年五月、パラオ付近とカロリン諸島西方の二つの決戦海域を設定した「あ号」作戦が策定されると、連合艦隊は一回で一四万六〇〇〇キロリットルの燃料輸送に当たるタンカーの追加を求めた。要するに同年二月のトラック空襲、三月のパラオ空襲で失ったB船タンカー七隻・六万九〇〇〇総トンと給油特務艦三隻・四万三〇〇〇排水トンの補塡を求めるということだった。結局、C船から六万総トンのタンカーが回されたが、連合艦隊はこれでは不十分だと不満たらたらで出撃した。

フィリピン防衛の「捷《しょう》（捷＝戦争に勝つこと）一号」作戦が発令されたのは昭和十九年十月十八日だったが、その日に海軍は南方産油の内地還送に当たっている大型タンカー六隻を徴傭したいと要求してきた。これを受け入れれば、軍需産業の計画が根底から覆ってしまう。同年十月一日の時点でタンカーの保有量は、A船八隻・一万二〇〇〇総トン、B船一四隻・一〇万七〇〇〇総トン、C船（主体は改装タンカーで内航用）三五〇隻・八万五〇〇〇総トンとなっていたから、大型タンカー六隻の重みが理解できるだろう。

内閣や陸軍からは、このような無茶な要求が連合艦隊から出されるくらいならば、よろしく連合艦隊を解散すべしとの極論も飛びだした。しかし、作戦上の要請と言われると応じざるを得ない。そこで海軍の内地貯油分から陸軍と民間に重油一万五〇〇〇キロリットルずつを供与すること、作戦が完了したら臨時徴傭したタンカーを早急に昭南に回航させることなど、いくつかの条件を付けてタンカー六隻を連合艦隊に回した。ところが承知のように「捷一号」作戦で連合艦隊は、レイテ湾に突入することもなく惨敗を喫した。

戦況が苛烈になるとさまざまな問題が生じたが、少なくとも昭和十七年、十八年の燃料事情は明るい将来が見通せるものだった。石油井やパイプライン、精製施設の復旧も早かったし、昭和十八年に入ると南方産油量は戦前のレベルに達しつつあった。石油類の需給と南方産油の内地還送の推移は［表6、7］（一二一、一二五ページ参照）で示したが、昭和十七年と十八年は安定していたことがわかる。

昭和十八年八月からようやく門司～昭南一貫航路で石油類専用の護送船団「ヒ」船団が運航されるようになった。それまでは護送船団ではなかったが、それでも損害は想定内に収まっていた。開戦から昭和十八年末までの外航タンカーの喪失は、一二隻・一一万五〇〇〇総トンだった。そしてタンカーの建造も軌道に乗り始めていた。昭和十七年の段階では、五〇〇〇総トン以上のタンカーは、七隻・二万総トンの建造に止まったが、十八年には五四隻・二五万五〇〇〇総トンに達した（駒宮真七郎『船舶砲兵　血で綴られた戦時輸送船史』出版協同社、一九七七年）。

このような状況からして、昭和十八年までにB船タンカーも動員して内地の貯油タンクを満杯にするばかりか、航空機用ガソリンなどはドラム缶に詰めて廃坑や廃トンネルに貯蔵しておけば、昭和十九年からの燃料事情もかなり違ったものになっていたはずだ。余裕のあるうちに手を打っておくという姿勢が、どうも日本人の体質に合っていないように思われてならない。

直面した激烈な海上交通破壊戦

米海軍が発動した無制限潜水艦作戦

日米開戦と同時に米海軍は、日本に対する無制限の潜水艦作戦を発令した。最初から警告なしの無制限作戦となると、当時の戦時国際法でもかなり問題が残るが、真珠湾奇襲に対する報復だと主張すれば、大方に納得されてしまうだろう。また、日本と同盟関係にあるドイツが大西洋全域で無制限潜水艦作戦を展開しているのだから、日本に対してなにをしても良心は痛まないということになる。

もちろん日本海軍も、潜水艦による海上交通破壊戦は覚悟していた。昭和十六年十二月の南方進攻作戦中、日本軍は大型輸送船四隻を潜水艦の攻撃によって失っている。昭和十七年に入るとすぐに、犬吠埼沖、伊豆の神子元《みこもと》沖、潮岬《しおのみさき》沖でそれぞれ一隻ずつ大型輸送船が潜水艦に雷撃されて沈没した。米海軍は宣言通り、潜水艦による全面的な海上交通破壊戦に発展させるのかと日本は身構えたが、そのような動きはすぐには見られなかった。昭和十六年十二月と十七年中、日本の船舶喪失量は一三六隻・一〇三万三〇〇〇総トン（一〇〇総トン以上）だったから、戦争前の船舶損耗見積内にほぼ収まっていた。

緒戦における米軍の潜水艦にとって致命的な問題は、その主武装である魚雷に欠陥があったことだ。まず、魚雷が水中を駛走する深度を調定する装置に不備があり、調定した深度よりも一〇フィート（約三メートル）も深く駛走し、目標の船底を通り過ぎてしまい、磁気起爆装置も作動しない。この欠陥はすぐに是正されたが、今度は早発が目立ちだした。発射されて一定距離を駛走すると安全装置が解除されるが、そのときに爆発したり、また目標に命中する直前に信管が発火してしまったりする。

この原因は磁気と衝撃の二つの起爆装置を取り付けているからとなり、昭和十八年六月に磁気起爆装置は取り外された。すると今度は、命中しても不発が多くなった。極端な例だろうが、昭和十八年七月にトラック島付近で「第三図南丸」が潜水艦に雷撃された際には、八本が命中したが六本が不発だった。魚雷が船体に突き刺さったままトラック島で修理すると、作業員から「こりゃ、花魁《おいらん》の簪《かんざし》か」との声があがり爆笑を誘ったという。たしかにこれでは、日本海軍が米海軍をなめてかかるのも無理はない。

そこで米海軍は、ハワイで魚雷の実射試験を重ねた。その結果、目標に命中したときの衝撃で、信管を打って発火させる撃針（ファイアリング・ピン）が折損する場合があることが判明したので、撃針を頑丈なものに交換した。そのほか小さな問題点も改善し、信頼性のある魚雷の配布が始まったのは昭和十八年九月からだったという。また、昭和十七年末までにすべての潜水艦に対空・対水上レーダーが装備され、運用の幅が広がった。

対日戦線にあった米潜水艦は、昭和十八年初頭には五三隻だったものが、翌年一月には七五隻に増強され、新型のガトー級やバラオ級も戦列に加わり始めた。潜水艦の増強は急ピッチで進められ、昭和十九年末には一五六隻、終戦時には一八二隻が太平洋に展開していた（前掲『モリソンの太平洋海戦史』）。

昭和十七年六月のミッドウェー海戦の結果、米海軍はハワイやミッドウェー正面の哨戒幕に潜水艦を張り付けておく必要がなくなったため、それらを洋上目標の攻撃に差し向けた。当初は真珠湾奇襲で生じた戦力格差を埋めるため、大型の戦闘艦艇を優先目標としていたが、これといった戦果はあげられなかった。

そこでガダルカナル戦の終末期、南太平洋部隊指揮官だったウィリアム・ハルゼーは、目標の優先順位を戦闘艦艇、タンカー、軍隊輸送船、補給船の順とした。続いて昭和十八年九月になると、タンカーを最優先するとの指令が出された。米海軍は日本のアキレス腱はタンカーにあることを承知していたということになる。

昭和十八年九月二十二日、基隆《キールン》沖で給油特務艦「尻矢《しりや》」が雷撃を受けて沈没して以来、毎月少なくとも一隻から二隻の外航タンカーが米潜水艦に食われていった。このボディーブローは、日本の戦力そのものを疲弊させた。

この水中からの打撃に加えて、航空攻撃がかぶさってくるから大変な事態となる。昭和十九年二月十七日のトラック島空襲では、B船タンカー四隻・四万六〇〇〇総トンが失われた。続く同年三月三十日のパラオ空襲では、B船タンカー三隻・二万六〇〇〇総トンに加えて給油特務艦三隻・四万三〇〇〇排水トンを喪失した。これらは日本にとって回復不能な痛手だった。

昭和十九年中に日本は四八隻・三二万三〇〇〇総トンの外航タンカーを失った。これで南方産油の内地還送の手段を失い、敗北は確定的なものとなった。ちなみに日本船舶の喪失原因の割合は、潜水艦によるものが六〇パーセント、空爆によるものが三〇パーセント、機雷や水上艦によるものが一〇パーセントとなっている。また艦艇の沈没は、潜水艦によるものが三〇パーセントを占めている。

立ち遅れていた対潜水艦作戦のソフトとハード

海洋国家であると自覚していただろう日本が、どうして米潜水艦に締め上げられて窒息してしまったのか。それはまず、主力艦による艦隊決戦で勝利すれば、おのずと制海権が得られ、潜水艦の脅威など簡単に排除できるとの信仰じみた観念に支配されていたことがあげられよう。そして船団の護衛というものは、あくまで防勢的かつ退嬰的な考え方であり、軍人として気乗りしないという潜在意識があった。これは日本ばかりではなく、英海軍以外のどの国でもそうだったとされる。

では、そのように考えていた人たちは、潜水艦の脅威をどのようにして排除しようとしていたのか。その対応策は、ある一定の海域を哨戒して敵潜水艦を狩り立てて追い詰め、捕捉して撃破するというものだった。水面下の敵をどうやって追い詰めるのか具体策を提示することなく、ただ観念論で息巻き、大声で恫喝《どうかつ》して反論する者を黙らせるという態度だった。残念なことにほかの問題でも、日本ではよく見られる光景だ。

そしてまた、多くの国と同じく日本も第一次世界大戦の戦訓を読み間違えていた。それは「十分な戦力で保護されていない船団は、独航船よりも被害が多い」というものだ。これは英海軍以外の国の共通認識となっていた。しかし戦訓をよく分析すれば、そうではないことが明らかになる。すなわち潜水艦が輸送船団を雷撃できる距離まで接近した場合、必ず敵の護衛艦艇に遭遇するという危険を意識させることが肝要で、それによって被害が少なくなる、というのが正しい認識だ。こうした作戦は決して防勢的なものではなく、攻勢的なものであり、かつ戦力の集中という原則にも即する。そのような認識が日本海軍には欠けており、また気付くのも遅かったといえよう（ドナルド・マッキンタイア『海戦　連合軍対ヒトラー』関野英夫、福島勉訳、早川書房、一九八三年）。

昭和十八年に入ると、南方資源の内地還送も本格化し、船舶の運航量が増えたこともあり、その喪失量に上昇傾向が見られるようになった。前述したように、昭和十七年末までに米潜水艦に対空・対水上レーダーが完備されたことも関係している。そこで一年間にわたる海上護衛戦の戦訓も加味して、航路帯を設定し、そこに一貫護衛の輸送船団を通すという方針が打ち出された。そして昭和十八年十一月十五日、船団護衛を一括して扱う海上護衛総隊が新設され、初代司令長官には前海相の及川古志郎《おいかわこしろう》大将（岩手、海兵三一期、水雷）が就任した。

このような施策が一年前から行なわれていればという反省の弁はよく聞かれたそうだ。もっともな話のようだが、たとえ昭和十七年中に海上護衛の運用法や指揮関係といったソフトが確立していたとしても、それを形にするハードがそろっていなかった。すなわち対潜水艦作戦に適した護衛艦艇、水上航行中の敵潜水艦を捕捉するレーダー、水中にある敵潜水艦の位置を探るソナーがなければ話が始まらない。

対潜水艦作戦には、一〇〇〇〜一五〇〇排水トン級のコルヴェット、スループ、フリゲートといった喫水が浅い軽快な艦艇が求められる。英海軍のフラワー級、ブラック・スワン級、リヴァー級が有名だ。

日本海軍では、この種の艦艇を海防艦に類別していた。開戦時、日本海軍が保有していた海防艦は、昭和十五年から十六年にかけて建造した北洋警備向けの「占守《しゅむしゅ》」型（八六〇排水トン、一九・七ノット）四隻のみだった。この改良型の「松輪」型が登場するのは昭和十八年三月からのことだ。また、戦時量産型の海防艦は丙型（七四五排水トン、一六・五ノット、主機ディーゼル）と丁型（七四〇排水トン、一七・五ノット、主機タービン）だが、この一番艦が竣工《しゅんこう》したのはともに昭和十九年二月だった。これまた一年の遅れが悔やまれることになる。

日本の科学技術の遅れを象徴するものとして、よく取り上げられるのがレーダーだ。電波関係については、日本は世界より三十年も立ち遅れていたと海軍の関係者は慨嘆する。ところが陸軍の関係者によると、陸軍は本土防空という見地からレーダーの研究を進めており、技術的に欧米と紙一重の差だったと回顧している。どちらが実情を語るものか定かではないが、昭和十七年二月にシンガポールで測的レーダーを、同年五月にフィリピンのコレヒドールで警戒レーダーの現物を鹵獲してから一気にレーダーの実用化が進んだというから、基礎研究ではそれほどの遅れはなかったようだ（前掲『陸戦兵器総覧』）。

日本では音を受け止めるパッシブなソナー（ハイドロフォーン）を水中聴音機、音を出してその反射音を探るアクティブなソナー（アスディック）を水中探信儀と呼んでいたが、この分野の研究ではなんと陸軍が先行していた。本土の沿岸部にある要塞地帯の警備からその必要性が生まれた。昭和六（一九三一）年の満州事変以降は大陸航路の安全を確立する必要から、この分野の研究開発が進められた。その結果、南方進攻船団のなかにはソナーを装備するA船輸送船があったが、護衛の駆逐艦のどれにも装備されていないという珍妙なことになったという。開戦までに完備しておかなければならなかったハードがどれも不備だったことになる。

多少なりとも陸軍のほうが進んでいた電子関係の研究開発だったが、それを陸海軍で共有し、共同開発に進めばよいはずだ。ところが双方ともかたくななため、共同開発とはならない。海軍は「陸的（陸軍的の略で陸軍の蔑称）の技術など馬糞《ばふん》臭くて使えるか」との姿勢を隠そうともしない。「それなら教えてやらない、勝手にやれ」と陸軍はむきになるが、これも大人の姿勢ではない。このあたりの縄張り意識は、いかにも日本的だ。

よく、科学技術の研究は海軍が進んでいたかのように語られているが、それは背景を知らないために生じる誤解だ。陸軍において研究開発に当たるのは兵科将校が主体だった。陸軍士官学校を卒業したばかりの砲兵科や工兵科の少尉に技術面での補修教育をするのが砲工学校で、ここの高等科で優等の成績を収めた者のうち数人は、帝国大学理工系学部で正規の三年コースを履修する。彼らは砲工学校の定員外の学生ということで「員外学生」と呼ばれていた。これに選ばれれば、人事面で陸大恩賜の軍刀組と同等に扱われ、部内での発言力が生まれ、予算獲得の面でも有利だった。

その一方、海軍の技術関係の部署には一般大学を卒業した造船、造兵、造機の将校が配置されるが、彼らは兵科将校ではないから、部内での発言力はごく限られている。そのため海軍の研究開発は思うように進まないという結果になった。さらには、科学的思考に欠けてただ観念論を振り回す兵科将校が技術将校を顎で使うということにもなった。

運用の方針もさまざまな事情からなかなか確立しないし、大損害を被るとすぐ方針転換して現場が戸惑う場面が目立つようになる。南方産油還送の「ヒ」船団は最重要なものなのだから、厳重に護衛されるべきはずだ。しかし、優先順位よりも全体の稼働率を重視したため、一定数のタンカーが集まるのを待たずに小さな船団に最小限の護衛艦艇を付けて運航する場合が多くなってしまった。この運用の弱点が昭和十九年二月に露呈した。

昭南を出港して門司に直航する「ヒ三〇」船団は、タンカー四隻、護衛艦は海防艦一隻だけだった。そして台湾海峡を通過して東シナ海に入った二月三日、タンカー二隻・一万四〇〇〇総トンが潜水艦の雷撃を受けて沈没した。続いてタンカー五隻、輸送船一隻、護衛が海防艦一隻からなる「ヒ四〇」船団は、二月十九日に西沙《せいさ》諸島付近で潜水艦の攻撃を受けて、タンカー四隻・一万八〇〇〇総トンが失われた。

この大損害を見て、海上護衛総隊は稼働率重視を改めて大船団主義を採り、十分な護衛を付けることとした。ところが、いくつかの船団を組み合わせるとなると、各地の港湾に出港待ちの船舶が滞留する。とくに南方戦線の場合、そこを空襲されると損害が大きくなるという結果を招いた。また、「ヒ」船団の速力を規定するため、一三ノット以上のタンカーを集めて門司へ直航するものを「ヒA」船団、それ以下のものは往航、復航ともに台湾の高雄に寄港する「ヒB」船団に区分した。しかしこれまたすぐに、十分と思える護衛を付けても対応ができないことが明らかになった。

米軍のフィリピン来攻が必至となったため、蒙疆《もうきょう》にあった第二六師団（名古屋）や各地の航空部隊をフィリピンに送り込むこととなった。この輸送船団と南方産油を積み取りに向かうタンカー船団とが合流して「ヒ七一」船団を編成した。伊万里《いまり》湾に集結した「ヒ七一」船団は、給油特務艦「速吸《はやすい》」、給糧特務艦「伊良湖《いらこ》」、タンカー五隻、輸送船一三隻の合計二〇隻からなり、船団速力一六ノットを維持できる超優良船団だった。しかも空母「大鷹《たいよう》」、駆逐艦二隻、海防艦五隻で護衛されていた。

昭和十九年八月十日、伊万里湾を発進した「ヒ七一」船団はまず台湾海峡の馬公に入り、ここで船団を二分し、主力の一五隻は危険水域のルソン海峡部を南下してマニラに向かうこととなった。そして高雄警備府から駆逐艦一隻、海防艦四隻の増援を受けた。八月十七日早朝、「ヒ七一」船団は馬公を出港したが、このころすでに船団は米潜水艦に捕捉されていた。そして船団がルソン海峡に入るやいなや、タンカー「永洋丸」が被雷、中破して高雄に引き返した。

ルソン海峡部を通過して、ルソン島北東岸に取り付いた十八日夕刻から米潜水艦の攻撃が本格化した。水深の浅い沿岸部における潜水艦の波状攻撃は奇襲となった。まず空母「大鷹」、続いて「速吸」、タンカー一隻・一万総トン、輸送船二隻・二万七〇〇〇総トンが撃沈され、加えて輸送船二隻が撃破された。これで陸軍将兵約七〇〇〇人が海没するという大損害を被った。さらには潜水艦掃討に当たっていた海防艦三隻がマニラ入港直前に雷撃で喪失した（戦史叢書『海上護衛戦』）。

最後は「神機突破」を信じての特攻輸送

大奮闘を重ねた徴傭船員

戦前、日本船員は世界でもっとも優秀なセーラーだとの定評があった。各地にあった商船学校は海軍兵学校よりも厳しく教育していたという。日本近海は暗礁が多く、台風などで海象が厳しいので自然と鍛え上げられたのだろう。操船がむずかしい大型輸送船でも押したり引いたりするタグ・ボートに頼ることなく接岸・離岸を独力でこなす日本船員を見て、各国の港湾関係者は驚嘆していた。また、荷主に迷惑をかけないのが船員の心意気だからと、荒天時の運航も辞さない日本人船員が多かった。

艦隊の行動の幅を広げた洋上給油も、世界の海に精通した民間の徴傭船員がいなければ形にならなかったろう。少なくとも海上輸送は、この練達した徴傭船員にまかせてしまえば効率的だったはずだ。日本には「餅は餅屋」という格言があるのに、なんでも管理したがる性格が災いし、素人のくせに陸海軍があれこれ口を出していらぬ混乱を招いた。

一般船舶が徴傭されると、その船の船長以下乗組員も一括して徴傭されて軍属となるが、船内の指揮関係は徴傭前のまま維持され、船長の下で乗組員が船務に当たる。終戦までに六万六〇〇〇人の船員が徴傭され、戦死、戦病傷死、行方不明合わせて約三万一〇〇〇人を数え、実に四七パーセントもの損害を被っている。陸軍の死没率が二〇パーセント、海軍が一六パーセントだったとされるから、徴傭船員の損害の大きさは飛び抜けている。

徴傭船員は、昭和十七年三月末に制定された戦時海運管理令の下にあり、翌四月に創立された船舶運営会の指示を受けていた。C船の場合には、陸軍の船舶輸送司令部から派遣された連絡将校が各船に一名ずつ配乗されていた。また、海軍からは数名の機関指導員が送られてくる。護送船団が組まれると、各海上護衛隊から運航統制官（昭和十七年十一月以降は運航指揮官）が各船団に配乗された。多くは老齢の応召佐官だったが、その権能ははっきりしていなかった。

そういうわけで船団に配乗されている陸海軍の軍人は無意味な存在になりがちで、船内でも浮き上がっていたという。船員側から見ると軍人はただ横柄で大言壮語ばかり、「板子一枚下は地獄、一蓮托生《いちれんたくしょう》」という意識に欠けると不評だった。さらには権威を振りかざして年配の船長にすら不遜な態度を取る若い尉官も珍しくなかった。昭和十九年十月、マニラにあった第一四方面軍司令部はレイテに向かう船団の高級船員を招いて壮行会を催したが、その席で船員に対して失礼な態度を見せた尉官を方面軍司令官の山下奉文大将が強く叱責したこともあったという。

同じ組織のなかでは、階級が高い者が強制することで命令と服従という関係がすぐに確立する。ところが異なる組織の人が集まると、だれが先任で頂点に立つ者なのかがなかなか定まらず、組織の秩序が生まれないというのが日本の風土なのだろう。

そして海軍は、護送船団の指揮官は護衛艦艇の先任艦長だとしていた。そういうことで船団の航路、速力、航法（主に船団の進路を敵に悟らせないための之字《のじ》運動）の選定は、先任艦長が決定して命令することとなっていた。ところが海防艦などの艦長は、高等商船学校を出たての予備士官である場合が多く、ようやく船団航行に付いて行けるほどの技量だったという。そんな未熟な士官に潜水艦から船団を守れと命じたのだから、最初から無理があったと言わざるを得ない。

指揮系統が不明確なため、船団を組む船舶の速力を整一化できなかったことも、損害を大きくさせた。徴傭された船舶の速力は実にさまざまで、二〇ノットを維持できるという優良船もあった。開戦時にマレー半島へ向かった上陸船団、大きな海戦で艦隊に随伴したタンカー群がそれだ。ところがそんな優良船はごく限られており、一五ノット超の船舶は全体の二割にも達していなかったという。その一方、船齢三十数年、公称速力五・五ノットという老朽輸送船も立派な一隻に数えられていた。これでは速力を整一化して船団を組めといっても無理な相談だ。

そこで、当時の一般汽船の経済速力とされた一三ノットを基準に線を引いて区分がされた。なかには九ノット以下という鉱石輸送船団もあった。そして護衛に当たる海防艦は最大速度一七・五ノットだったが、この最大速力を出せばすぐに燃料切れとなってしまう。そこで速度を落とした海防艦に船団が合わせるということも起き、そのために米潜水艦に追跡されて捕捉され、攻撃されるという事態も多くなる。

内地を出港する際は、できるだけ船足をそろえて船団を組む。ところが寄港を重ねているうちに、海象や荷役などの影響から遅れが出てきて運航計画が狂うこともある。各寄港地としては、何日ごとに何隻出港というスケジュールは守りたいし、入ってきた船団を早く出港させることを優先するから、一〇ノットで規定した船団に一五ノットの優速船を組み入れる場合も生じる。一五ノットならば敵潜水艦の追跡が振り切れるのに、低速船団に組み入れられたため、むざむざと潜水艦に食われることも起きる。

その逆に鈍速の老朽船が新造時のカタログデータで登録されていたため、組み入れられた船団の足手まといとなり、独航を命じられて潜水艦に食われるという悲劇も起きる。ところが敵潜水艦は船団を追うから、鈍速の独航船をつい見逃すというケースもままある。奇跡的に安着した時代ものの鈍速船を見て、「何事も運否天賦《うんぷてんぷ》」と妙に感心してしまうのがこの日本民族の思潮なのだろう。

台湾とフィリピンの間のバシー海峡は「魔の海峡」などと呼ばれていたが、ここは敵潜水艦の脅威がおよんでいる危険海域と知りつつも、とにかく船団を送りだすことが任務とされ、「天佑神助を信じろ」と船団を送り続けて大損害を被ったことは、戦後長く批判され続けた。これも日本の敗因を衝くもっともな批判にせよ、南方資源を内地に還送するには、台湾海峡かバシー海峡を必ず通過しなければならない。航路に顕著な習慣性が生まれるのも仕方がないことだった。もちろん、ボルネオやフィリピン諸島を大きく迂回して太平洋に出て北上するコースはあるが、そこが安全という保証はない。

昭和二十（一九四五）年一月九日から米軍は、ルソン島のリンガエン湾に上陸を始めた。レイテ決戦の「捷一号」作戦で大敗を喫し、戦力を消尽してしまった第一四方面軍と連合

表8　航空ガソリンの需給推移 (kl=キロリットル)

●供給総量=267.1万kl

開戦時貯油量=73.8万kl／内地で原油から精製=115.4万kl／南方還送ガソリン=77.9万kl

	昭和17年	18年	19年	20年	合計
	16.5万kl	31.4万kl	30.0万kl	0	77.9万kl

*この統計では、昭和20年が0klとなっているが、実際には8.4万kl内地還送があった。

●消費総量=293.0万kl

	昭和17年	18年	19年	20年	合計
陸軍	37.0万kl	42.1万kl	36.7万kl	0.56万kl	116.4万kl
海軍	56.2万kl	64.0万kl	55.5万kl	0.86万kl	176.6万kl

戦史叢書『海軍軍戦備〈2〉』より作成

艦隊には、これを撃退する戦力はなかった。米軍がマニラ郊外のクラーク・フィールドの飛行場群を使い出し、スービック湾に潜水母艦が進出すれば、南方資源を内地に還送する航路はすぐさま完全に途絶する。それは航空ガソリンの枯渇をもたらし、日本本土の防空態勢が壊滅状態に陥ることを意味する。航空ガソリンの需給推移は［表8］で示した。

統計を見る限り、航空ガソリン需給は大幅な赤字となっている。これは、実際には昭和二十年に入ってからも南方産油が還送されており、また産油地の製油所から南方や台湾などの各基地に直接送られたものは内地還送量には入っていないからだろう。昭和十九年後半からはアルコールや松根油などで代替した分も、この統計には反映されていないようだ。昭和二十年度には、航空ガソリンの総予備として一〇万キロリットルは確保されていたとされる（前掲『海軍軍戦備〈2〉』）。

零式艦上戦闘機は一機あたり燃料〇・五七キロリットル（ドラム缶三本分）搭載、帝都防空の主役となった三式戦闘機「飛燕《ひえん》」は〇・六キロリットル搭載だ。四式重爆撃機「飛龍」になると三・八九キロリットルもの燃料を搭載して出撃する。こんな燃料事情に追い込まれたならば、航空特攻が主な手段となる次期作戦、さらには最終局面の本土決戦も成り立たなくなる。

多少でも輸送力に余裕があった昭和十八年中に、せめて航空ガソリンだけでも満タン・満缶にしておけばと悔やんでも詮ないことだ。追い詰められた状況のもとで、海上交通路が完全に途絶する前に、駆け込み搬入を決行することとなった。それが次に紹介する「南号」作戦と「北号」作戦だった。

奇跡のタンカー「せりあ丸」

まず「南号」作戦だが、昭南港外のブクム島とサンボー島の貯油施設にパレンバン製油所からの航空ガソリン一二万キロリットルを集積する。そしてこれを門司への一貫航路に乗せて内地に還送するというものだった。これには全軍の期待が込められ、大本営はまず昭和二十年一月十六日に南方軍と支那派遣軍の総司令官、台湾の第一〇方面軍司令官に対して「大陸命」第一二二一号をもって船団の航空支援を発令した。そして二十日には、連合艦隊司令長官に「大海指」第五〇〇号を発して必成を期した。

昭和二十年に入ると米軍の潜水艦作戦はますます活発となり、南シナ海と東シナ海で米潜水艦の雷撃によって、一月だけでも大型船舶八隻・五万三〇〇〇総トンを喪失している。いつ来襲するかわからない米機動部隊、執拗《しつよう》に戦闘哨戒を続ける米潜水艦、これに加えてモロタイ島と中国本土を基地とする航空攻撃が重なるようになった。そんな危険な海域をガソリンを背負って突っ走るのだから、これはまさに特攻隊だった。

事実、「南号」作戦に従事するタンカーの乗組員は、「油輸送特攻船乗組員」と刺繍《ししゅう》されたマークを胸に付け、特別扱いだったという。昭和十六年の開戦直前に行なわれた駆け込み輸入もある種の特攻だったが、最終局面で再び特攻輸送が強行されることとなった。日本人の戦い方は、結局のところこの「特攻」に帰着するもののようだ。

たまたま昭南港にあって整備を終えていたC船タンカーの「せりあ丸」(三菱汽船所属)が南方軍の命令で「南号」作戦に参加することとなり、「神機突破輸送隊」の一番船となった。「せりあ丸」はブルネイの油田名を船名とした戦標船（戦時標準船）2TL型で、一万六六〇〇載荷排水トン、速力一三ノット、乗組員は七四人だった。

出撃にあたり、タンカー側と陸海軍関係者が集まった協議の席で、「せりあ丸」の船長は護衛艦を二隻用意すること、低速な貨物船は同航しないこと、船団の指揮と航路の決定は船長に一任すること、軍の海図を貸与することを要望した。なんとそれまでは軍事機密だからといって、各船に海図を渡していなかったとは信じられないことだ。

船長に指揮権や海図を渡せと迫られた海軍の出席者は、面目丸潰れとなって激怒した。しかし、なにより「必成」という中央の厳命に従わざるを得ない。そこでしぶしぶ海図の貸与を認め、船団の指揮権は原則、護衛艦の先任艦長にあるが、状況によっては船長に行動の自由が与えられるとの玉虫色の結論を出した。

「南号」作戦の初動は、船団を組むことなく「せりあ丸」一隻のみが先行し、護衛は当初駆潜艇二隻が務めることとなった。ブクム島で航空ガソリンを満載した「せりあ丸」は、昭和二十年一月二十日に昭南を出港し、水深四〇メートル以内の浅海を航行、徹底した接岸航路を北上した。そしてタイランド湾を横断してサンジャックに入港、ここで護衛艦が海防艦二隻に交替した。そこからベトナムのユエ付近でトンキン湾を横断、海南島に取り付き、香港沖から台湾海峡に向かい、東シナ海に入ってからも接岸航路を進んで青島《チンタオ》から黄海を横断、朝鮮半島に取り付き鎮海《チンヘ》に入港、二月七日に関門海峡部の六連島泊地に安着した。迂回に迂回を重ねたため、「せりあ丸」の総航路は五六〇〇浬にも達した。

瀬戸内航路で和歌山県下津に向かった「せりあ丸」は、搭載した航空ガソリン二万三〇〇〇キロリットルすべてを荷揚げした。一滴のガソリンも失うことなく、また一人の死傷者を出すこともなく任務を完遂した快挙には、全軍から称賛の声が寄せられた（前掲『船舶砲兵』）。要するに「餅は餅屋」と海運の専門家にまかせ、老練な船長に頼り、海運の門外漢の陸海軍人が口を出さなければ、重要物資の内地還送の成功率が向上すると証明された形となった。こんな当たり前の教訓を学ぶのに長い時間と犠牲とが必要だった。

戦争も最終局面を迎えると、残存船舶をもって大陸航路を強化することとなり、昭和二十年三月十六日に「南号」作戦は中止となった。この作戦には一五個船団・延べ四五隻が投入され、護衛艦艇は延べ五〇隻だった。そのうち内地に到着したタンカーは六隻だったという。内地に還送されたものは、航空ガソリン五万七〇〇〇キロリットル、重油二七〇〇キロリットル、原油二万六〇〇〇キロリットルだったと記録されている。

一方、マレー半島東南のリンガ泊地に取り残されていた第四航空戦隊（航空戦艦「伊勢」「日向」、軽巡洋艦「大淀《おおよど》」、および駆逐艦三隻からなる第二水雷戦隊は、日本本土に帰投する際に航空ガソリンを内地に還送することとなり、こちらは「北号」作戦と呼ばれた。「伊勢」と「日向」は三万五〇〇〇排水トンの巨艦だが、とにかく戦艦として設計されているから、燃料の搭載量は限られたものだった。両艦は航空戦艦に改装されていたので軽質油タンクが備えられていたが、その容量は一〇〇キロリットルだった。そこで二〇〇リットル入りのドラム缶に航空機用のガソリンを詰めて艦内に積載し、両艦で合計二二〇〇キロリットルを積み込んだ。「大淀」には一〇〇キロリットルが搭載された。

このほか生ゴム、錫、タングステン、水銀などを積載し、油田開発などに当たっていた技術者一〇〇〇人を同乗させ、艦隊は二月十日に昭南を出港した。航路は「せりあ丸」と同じく徹底して大陸沿いに設定され、二月二十日に損害なく呉に帰投した。わずか二三〇〇キロリットルほどの航空ガソリンだったが、その安着が伝えられると当分はどうにかなると安堵の声が広がったという。日本はそこまで窮状に追い込まれていたわけだ。

南西航路が途絶してからも、なお航空ガソリンの内地還送には執念が燃やされた。残された手段は潜水艦だ。飛行艇への燃料補給を行なう潜水タンカーとして就役したばかりの伊号第三五一潜水艦は、航空ガソリン五〇〇キロリットルを搭載して六月初旬に佐世保に帰投した。同艦は再度の燃料輸送に当たったが、七月十一日に昭南を出港した後に行方不明となった。潜水タンカーに改造された伊号第三七三号は、なんと長崎に原爆が投下された八月九日に佐世保を出港し南方に向かったが、これも行方不明となっている（前掲『海軍軍戦備〈2〉』）。

南方資源地帯との連絡を断ち切られた日本は、瀬戸内海と日本海での内海航路と、自給圏としていた大陸との連絡航路をもって本土決戦の準備を進めることとなった。これに対して米軍は、昭和二十年三月から「飢餓作戦」（オペレーション・スターヴェーション）を発動した。空中投下で敷設する感応型の沈底機雷によって日本列島を封鎖する作戦だ。これによって大陸航路、日本海航路さらには瀬戸内海航路までが途絶し、すぐにも飢餓に襲われて継戦能力を喪失する状況に陥った。

海洋国家にとって海上連絡路は生命線だという認識の欠如によって、日本は海上護衛戦を軽視し続けた。どうしてそんなわかり切ったことがなされなかったのかと考えると、やはりこの国の民族性、社会の思潮に帰結する。日本人の心情は、どうしても地味に見える海上護衛戦よりも、派手で人目を引く艦隊決戦に傾くからだろう。

さらなる問題は戦争を行なっているのに、その目的を失念することだ。「自存自衛」の旗を掲げたのだから、南方資源の内地還送をなにより優先すべきであることは自明なはずだ。ところが大きな戦争目的よりも自分たちに課せられた任務を優先し、石油還送に必要なタンカーを手放さず、揚げ句は使い捨てにしてしまうのが海軍だった。これも日本でよく見られる身内の事情ばかりを考える閉鎖的な村社会のメンタリティーの現れだ。

そして尻に火が着くと、必要以上に慌てふためき、損害を被るばかりと知りながら悲愴《ひそう》感《かん》に煽《あお》り立てられたように同じことを繰り返す。あるいは自分の仕事に埋没して現実逃避し、精神の平衡を保つ。そんな状況になると数値目標がすべてになる。石油の内地還送量などその格好な材料だろう。そして破滅に瀕しても、統計数字を眺めながら、やるだけはやったのだという満足感に浸る。これが日本人の典型的な戦い方だとしてよいだろう。

第四章　人的戦力の育成・維持・強化を怠った結末

拭いがたい「一銭五厘」と「国民皆兵」という固定観念

平時における兵役の実態

戦前の日本において人的戦力はどう捉えられていたかだが、「一銭五厘」と「国民皆兵」という言葉に支配されていたようだ。その結果、兵員は無尽蔵かつ無制限に集められるもの、さらにはただ同然のものだという思い込みに発展してしまったように思えてならない。しかも、徴集兵は烏合《うごう》の衆ではなく、ほぼ全員が義務教育を修了しており、読み書きと算数の四則ができ、その心は天皇に帰一していると信じられていた。だから日本軍は精強無比だということになる。

この「一銭五厘」とは戦前長らくの葉書代だが、これが戦時下になると召集や召集令状を意味する言葉に転じていた。ところが実際の召集令状は、一銭五厘の切手を貼って郵送されるものではなかった。召集令状そのものは、なんともやる気をそぐ粗末な淡赤色のザラ紙に印刷されており、そこから俗に「赤紙」と呼ばれていたことは有名だろう。

召集令状は、発出する各役所の兵事主任が応召員の本籍地を回って届けるのが本則だった。本人が本籍地に居住していない場合、本籍地にいる親族が召集令状を速達で転送したり、電報で知らせたりするなどして帰郷させ、応召員が連隊などに出頭する。これに要する郵送費から交通費にいたるまで応召員の自分持ちで、国は一銭も支出していない。召集に要する経費があるとすれば、各役所にいる兵事主任の人件費だけだった。

広い見方をすれば、兵役に応じる人に対しては、国は義務教育や種痘などの保健衛生の面で投資してきたことになるが、一人あたりにすればごく限られた金額だ。大正十四（一九二五）年四月からは中学校以上で学校教練の制度が始まっており、この経費は陸軍省が負担していた。それでも昭和十（一九三五）年の時点で中学卒業以上の学歴の者は全体の一〇パーセントにも達していなかったのだから、学校教練での国の投資もごく限られたものだった。

ヒトとウマを同列に扱うことには抵抗感があるが、当時の陸軍はヒトとウマによって成り立っていたから触れざるを得ない。軍馬には、砲車や輜重車を輓曳《ばんえい》する輓馬、将兵が騎乗する乗馬、物資や分解した兵器などを駄載する駄馬の区別があり、この順に価格が高かった。畜産業者からの購馬価格は平均で一頭三五〇円の時代が長かった。少将の年俸が五〇〇〇円のころのことだから、馬匹《ばひつ》は高価なものだった。買い上げた馬匹は二年間、各地に設けられた軍馬補充部で飼育して調教され、各衛戍地《えいじゅち》や出征のため港湾へ貨車輸送される。そのため買い上げ後の経費も相当な金額にのぼる。この軍馬と比べて、「兵役は国民の義務」との名目で広く徴集された兵卒はなんとも手間のかからない、安上がりなものという観念が広く定着してしまった感がある。

この兵役の義務は、明治憲法第二〇条「日本臣民は法律の定むる所に従ひ兵役の義務を有す」を根拠とする。憲法発布前は、明治六（一八七三）年一月十日制定の徴兵令によった。憲法発布後に徴兵令改正があり、満一七歳から満四〇歳までの男子はすべて兵役に服する義務があるとされ、「国民皆兵」は法律上でも強調されることとなった。そして昭和二（一九二七）年四月一日、徴兵令は兵役法と改称・改正されて終戦にいたっている。

つい忘れがちだが、この兵役義務は皇族にも課せられていた。明治四十三（一九一〇）年三月に公布された「皇族身位令」によると「皇太子、皇太孫は満十年に達したる後陸軍及び海軍の武官に任ず」とあった。昭和天皇は大正元（一九一二）年七月に皇太子となると陸軍少尉・海軍少尉に任官し、即位から昭和二十（一九四五）年十一月末日の陸海軍解散まで制度的には陸軍と海軍の現役大将だった。皇族も満一八歳に達すると軍務に就くことが義務とされていた。こうして君民一体という意識が醸成されることになった。昭和天皇の直宮《じきみや》だった秩父宮雍仁《ちちぶのみややすひと》（東京、陸士三四期、歩兵）と三笠宮崇仁《みかさのみやたかひと》（東京、陸士四八期、騎兵）は陸士に、高松宮宣仁《のぶひと》（東京、海兵五二期、砲術）は海兵に進み、いずれも終戦まで現役の兵科将校だった。

このように兵役は義務であったが、同時に国民としての権利という面も意識されていた。国権の発動である戦争に関与する権利ということで、それは封建時代の士分になった気分を味わわさせてやるという意味合いもあった。そして権利なきところに義務はないという法理も持ち出され、公民権が停止されている服役、仮釈放、執行猶予中の者は召集されなかった。公判中の者は、戦前でもあくまで「推定無罪」だから召集されている。

昭和八（一九三三）年七月のいわゆる「神兵隊事件」（「一君万民祭政一致」を掲げ、天皇親政の実現を目指した国粋団体による暴力蜂起未遂事件）に関与して内乱予備及陰謀で起訴された被告は一〇〇人以上にのぼり、国事犯として大審院（最高裁判所）の特別裁判に付された。被告が多かったこともあり、第一回公判は昭和十二（一九三七）年十一月にまでずれ込んだが、すでに日華事変が始まっていたため被告にも召集令状が舞い込んでくる。すると裁判所は、召集令状が届いた者については公訴棄却として兵役義務を優先させた。司法の自殺ともいうべき事態だった。

投票権が与えられず、国政に参加できない朝鮮半島出身者には長らく兵役義務は課せられなかった。しかし、昭和十八（一九四三）年八月に朝鮮半島でも兵役法が施行された。昭和二十年に総選挙が予定され、朝鮮半島出身者の立候補と投票が認められる運びとなったので、このような措置が採られたとされる。

この「一銭五厘」と「国民皆兵」という意識は徴兵検査、甲種合格、入営、そして厳格な内務班生活などといったことと結び付き、戦前の日本は一八世紀のプロイセンのような兵営国家だったという印象を生むことになった。それどころか、兵営のなかに国家があるともいえるものだとされ、そこに倣岸不遜な軍人が君臨していたと戯画化もされてきた。しかし、何事も徹底できないこの日本が、厳格な軍国主義の国家を建設できるはずがないのも事実だろう。

徴兵検査は、義務として満二〇歳の男子全員が受検する。平時においては毎年四月上旬から七月下旬まで、場所は各連隊区が開設する徴募区で行なわれていた。本籍地ではなく現住所でも受検でき、中国など各国に在住する居留民は各地の領事館で受検していた。主な検査項目は、身長、体重、視力、聴力、結核や性病の罹患の有無などだった。学歴や職歴などは別途、書類で提出される。この検査は徹底したもので、軍事的な側面はさておき、国民の保健衛生状態や学歴、職歴などの調査という点からも大きな意味があった。

徴兵検査の基準としては身長一五五センチ（約五尺一寸）で線を引き、身長と体重、体格のバランスがとれているかで判別した。身長一五五センチ以上、体格優良が甲種、身長一五五センチ以上、体格が甲種に次ぐのが乙種（第一乙種と第二乙種。昭和十五〈一九四〇〉年に第三乙種を新設）、身長一五五センチ未満から一五〇センチまでは丙種、身長一五〇センチ未満または各種の身体障害を有する者は丁種で兵役免除とされた。そして翌年に再検査の戊種《ぼしゅ》も含めて、五段階に区分けされた。昭和初期、甲種合格の者の平均は身長一六〇センチ、体重五三キロだった。甲種、乙種、丙種の割合は、それぞれ三割ずつで推移していた。また海軍は志願を基本としていたが、所要人数に足りない場合、この甲種合格からの割愛に頼っていた。

大正から昭和にかけての満二〇歳の男子人口は毎年おおむね六〇万人ほどだったが、当時の陸軍には甲種合格者の一八万人全員を受け入れるだけの施設もないし、食べさせるだけの予算すらなかった。そこで甲種合格者のなかから一〇万人ほどを選んで入営させるのが常だった。では入営させる者をどう選ぶかだが、長らく籤引《くじび》きによっており、当たれば入営、はずれれば入営しない。これで入営を免れた者は「籤逃れ」と呼ばれ羨望の的となり、籤にはずれるようにとお札を配る神社もあった。

やがて世相も厳しくなると、いくらなんでも神聖な義務を籤で決めるとは何事だという話になり、身長順に並べて上位を入営させることになった。そのため身長差で入営を免れた者は、「寸足らず」と呼ばれていた。

ほぼ平時の最後となる昭和九（一九三四）年度の服役区分は次のようになっていた（陸軍／海軍）。なお、昭和十六（一九四一）年十一月の兵役法の改正によって後備兵役の区分けはなくなり、その服務年限は予備役に加算された。陸軍においては、平時から維持されている常設師団を戦時編制に拡充する際に予備役が充当される。戦時編制になった常設師団が出征すると、留守部隊を拡充してもう一個師団を動員するが、その際には主に後備兵役が充当されていた。

・常備兵役　［甲種］現役＝二年／三年、予備役＝五年四ヵ月／四年
・後備兵役　一〇年／五年
・補充兵役　［第一乙種］第一補充兵＝一二年四ヵ月／一年
　　　　　　［第二乙種］第二補充兵＝一二年四ヵ月／一一年四ヵ月

・国民兵役　第一国民兵＝常備兵役終了、補充兵役終了の者、満四〇歳まで

［丙種］第二国民兵＝常備、補充、第一国民兵でない者、満四〇歳まで

（陸戦学会戦史部会編『近代戦争史概説』資料集、陸戦学会、一九八四年）

甲種合格でも入営しなかった者と乙種の者、合わせて一五万人ほどが毎年第一補充兵に加わる。その服役期間一二年四ヵ月の間に一二〇日間以内の教育召集に応召することになっていたが、実際にはこれも九〇日ほどに止まっていた。第二補充兵以下には、この教育召集もなかった。

尉官以下の在郷軍人（かつて陸海軍に勤務して民間にあるが、必要に応じて再び軍務に服する予備役、後備役、退役、帰休兵など）を対象として、一年に一回もしくは二年に一回行なわれていた簡閲点呼も召集の一つとされた。この目的は在郷軍人の軍人精神保持の程度や健康状態の確認で、補充兵も対象だった。ところが丙種で第二国民兵となっている者は、この対象ではない。全体の三分の一を占める丙種の者は、少なくとも平時においては徴兵検査を受ければ軍隊との縁が切れたことになる。「国民皆兵」とはされながら、その制度的な実態はこのように層が薄いものだった。とても兵営国家と言われるようなもの

ではなく、長期にわたる総力戦を戦う態勢でもなかった。

限界を超えた負担を強いられた兵員

戦争が長引き、損耗が重なれば、補充兵の比率が高まるのは当然だ。満足な訓練も受けていない乙種の者が主体となる補充兵に対して、甲種で本格的な訓練を受けた現役兵と同じ戦力の発揮を期待することには無理がある。補充兵はすぐにも行軍に問題を生じさせる。資材や糧食など三〇キロを背負い、四キロの小銃を肩にし、慣れない革製の編上靴で歩幅七五センチ、一分間に一一四歩、四五分歩いて一五分の小休止という行軍をすれば、すぐに足にマメが生じる。アキレス腱のあたりに靴擦れができると、我慢の問題ではなくなり歩行不能となる。

戦地に行けば歩くだけではない。日本軍の多くを占める歩兵は、一日に二回、自ら炊事をする必要がある。朝は二食用意し、うち一食は昼食用だ。携行した糧食を食べ尽くせば、自力で食物を現地調達しなければならない。炊事に使う水や薪《まき》も自分の足で探す。馬を連れていれば、多くの水を用意して、まずその世話からする。こんな毎日が続けば、補充兵が落伍《らくご》するのも無理はない。外地における戦地での落伍は即、死を意味するから、それならばと自決するという痛ましい結果になる。相応な準備もなく、ただ漫然と戦線を拡大したツケは兵員に回される形となったわけだ。

軍当局は兵員の体力維持や健康管理に関心を寄せず、ただ目先の効率だけを追求していた。そうした姿勢は兵員の船舶輸送で如実に現れ、部隊側からも強く批判されていた。軍隊輸送には居住や炊事、そして衛生などの諸設備が整っている客船や貨客船を充てるのが各国の通例だ。ところが世界第三位の商船隊を保有していた日本でありながら、文化程度が低く、かつ経済効率を最優先していたため、客船の保有量はごく限られていた。しかも、艦艇不足に悩む海軍は大型客船などを空母に改装したり、特務巡洋艦に充てたりしていたため、軍隊輸送にはほとんど回されなかった。

陸軍では、温帯での軍隊輸送で兵員一人あたり三総トン（約八・五立方メートル）、熱帯では五総トンが必要と試算していた。すなわち兵員一人あたり二メートル四方から二・四メートル四方の空間ということだが、一般的に座敷二畳は七・六立方メートルだから、いかに狭い空間に押し込められていたかと実感できよう。

では海軍はどうだったかといえば、列国海軍のなかで最悪だったとされる。艦艇乗組員一人あたりの居住空間は、駆逐艦で一・三立方メートル＝〇・四六総トン、巡洋艦で一・

六立方メートル＝〇・五七総トン、空母や戦艦でようやく二立方メートル＝〇・七一総トンだった。日本海軍の艦艇ではほとんどが寝具にハンモックを使っていたから、この詰め込みが可能だった（高木惣吉《そうきち》『聯合《れんごう》艦隊始末記』文藝春秋新社、一九四九年）。部内から、この居住性は改善の余地がある、これでは墓穴と同じだとの声があがっても、「贅沢《ぜいたく》を言うな、豪華客船ではない、いくさ船だ」と常に無視されていた。これでは乗組員のストレスは限界に達するのも当然で、それが凄惨な私的制裁の日常化をもたらしたといえよう。

陸軍の兵員一人あたり三総トンから五総トンというのはあくまで基準にすぎない。船舶による軍隊輸送の実態は凄まじいものだった。下甲板には馬匹、装備、資材、糧食を収容する。露天甲板には各種車両、上陸用舟艇などを搭載し、烹炊所《ほうすいじょ》や厠《かわや》が設けられる。

兵員は中甲板の船倉に収容する。おおむね中甲板の天井の高さは二・五メートル前後だが、これを木材で二層に区切る。そして各層に奥行き一・七メートル、一段六〇センチのカイコ棚を設ける。これで船倉一坪あたり一四人まで収容できる計算だという。目刺し状では収容できないので、頭と足を交互にしてもぐり込み、寝返りはできず、不用意に起き上がれば頭を打つ。部隊からは、この兵員の最大限搭載はどうにかならないものかとの苦情が殺到したが、作戦上の要請だからとして無視され続けた（山本七平『日本はなぜ敗れる

のか　敗因21カ条』角川ｏｎｅテーマ21、二〇〇四年)。

さらにまずいことに、船倉に余積を見つけるとどこ構わずガソリン入りのドラム缶を持ち込む。これに火が付けば処置なしだ。部隊側が危険なことをいくら指摘して改善を求めても、無視されてまたドラム缶が持ち込まれる。そして露天甲板への階段も木製で応急的に設備されたお粗末なもので、衝撃が加わるとはずれてしまい用をなさない。これまた改善されないから、出入り口にロープを垂らして非常時に備えていた。

露天甲板に車両などを隙間なく積めば、非常時の対応がむずかしいし、体操もできないし厠にも行きづらいとの苦情も絶えなかった。するとこの車両はここにしか積めない、船倉の天井の高さが足りないからだと説明され、部隊側も言葉を失うほかなかった。

これでよく瀬戸内海からラバウルまで、赤道を越える三週間もの輸送に耐えられたものだ。まずは、兵員個人個人の我慢に期待する。次は部隊としての助け合いを求める。そして、それでもどうしようもならなければ軍として解決に乗りだすが、そこまでにはいたらないはずと当局は楽観的に構えている。それが当時の日本軍の姿だ。この問題を敗戦後、連合軍に逆手に取られたことがある。連合軍は復員船で限界搭載を求めた。戦時中、日本軍はそうしていたではないかというわけだ。すると日本側は、体力を消耗している今、あんな限界搭載をしたならば死者が続出してしまうと泣訴して、緩和してもらったという話も残っている。

これは昨今、耳にした「自助、共助、公助」に通じるものがあるように思えてならない。手が回らないので極限状態になるまで国民一人一人の工夫と我慢に期待する。そして近所付き合いを活用し、町単位の助け合いはできないのかという。どうしようもならない状況になってしまっても、国家は大きな組織だから動きだすまで時間がかかることを理解してくれ、といって動きは鈍い。

ところで戦前の日本は、国民が兵役義務をどこまで果たすことを期待していたのだろうか。マンパワーを主体とする陸軍においての試算を見てみたい。

開戦直後の昭和十六年十二月末、参謀本部第一部の第三課(編制動員課)は、長期にわたる持久戦を戦い抜くための「基本軍備充実計画」、通称「四号軍備」の研究を始めた。この試算の一つによると、昭和二十五(一九五〇)年度末までに長期持久が可能な態勢にすることが目標とされた。その基幹戦力には、師団一二〇個以上、航空中隊一〇〇〇個が必要と試算された。そしてこれを達成するには五〇七万人の動員が求められ、加えて補充要員として二七〇万人の召集が必要と見積もった。

昭和十五年の日本人の総人口は七二〇〇万人だったから、これでは近代国家の動員限界とされる一〇パーセントを超えてしまうが、法律を改正して朝鮮や台湾で徴兵を行なうことも計算に入れ、インドネシアなどでの「兵補」の募集にも期待したのだろう。

骨幹となる日本兵が七〇〇万人とすると、国民にどれほどの兵役を課さなければならないかだが、陸軍省で予算と編制を扱う軍務局軍事課の試算では、次のようになっていた。まず現役の服務期間を二年から三年に延長し、その後一年帰休とする。次いで予備役として三年召集、また一年帰休、さらに二年召集するという体制にしなければ七〇〇万人態勢は維持できないとしていた(前掲『昭和陸軍秘録』)。加えて、この二年の帰休においては農業生産に励んでくれというのだから、国民を絞るだけ絞るということになる。

この「四号軍備」の実施は時期尚早とされ、昭和十七(一九四二)年七月に保留とされた。ところがこの計画を青写真として本土決戦準備の「根こそぎ動員」が昭和二十年二月から実施された。その結果、終戦時には陸軍で六四〇万人(朝鮮人二六万人、台湾人一三万人を含む)、海軍で一六〇万人(朝鮮人一万人、台湾人一万八〇〇〇人を含む)、全軍で八〇〇万人を数えることとなった。これで日本の動員率は一一・四七パーセントに達した。まったく機械化されていない農業を営み、しかも女性の労働力を組織化できず、朝鮮半島などからの労働力の移入も治安問題から本格化できなかったにもかかわらず、それでいて動員率が一〇パーセントを超えたことは驚くべきことだった。酷評すれば、その後のことを考えなかったからできたとも言えよう。

日本人の思潮としては、完膚なきまでの敗北を喫したということへの反省よりも、「やれるだけのことはやったのだ」「できるだけのことは試みたのだ」というある種の満足感に浸りがちだ。戦中の日本で指導的な立場にあった政治家、高級官僚、将帥の多くが、敗戦となってから妙に清々《すがすが》しい出家した人のような態度に終始した理由は、このやるだけやったという自己満足によるものだったように思われてならない。国民に極限までの負担を強いておいて、自分たちだけが満足感を享受するとはどう受け止めればよいのだろうか。

大量動員がもたらした困惑すべき事態

日本の動員戦略

日本陸海軍は各国軍と同様、動員戦略を採っていた。平時から戦時所要の兵力を維持し続けることは財政的にも不可能だから、平時は教育主体の部隊を維持し、そこから生まれる予備兵力の厚みに期待する。平時から維持して教育訓練にあたる平時編制の常設師団を動員によって戦時編制の野戦師団とする。平時の最後となる昭和十二年度を見ると、平時編制の常設師団は人員一万一八五八人・馬匹一五九二頭となっていた。これが戦時編制に移行すると、動員により人員二万五三七五人・馬匹八一九七頭に膨れ上がる。

そして出征した師団の残置人員を核として、もう一個の野戦師団を生みだす計画を持っていた。これが「二倍動員」と呼ばれるものだ。これによって生まれた師団は「特設師団」と呼ばれていた。大正十四年から常設師団は一七個となっていたから、戦時編制では二倍の師団三四個が上限という計算になる。明治四十(一九〇七)年に定められた「帝国国防方針」では戦時所要を五〇個師団もしくは四〇個師団としていたが、現実を見ればこれは日本の国力では到底達成できない数値目標だとされていた。

ところが昭和十二年七月に日華事変が始まり、用兵側から師団の増勢が強く要請された。そこで臨時編制師団という形で師団を編成することとなった。しかも同年九月から臨時軍事費特別会計が議会を通過して軍事費が青天井になると、師団の新設は急ピッチで進んだ。本格的な動員が始まると昭和十二年末で二四個師団となり、十三年末で三四個師団、十四年末で四二個師団、十五年末には五〇個師団となって、三十数年来の数値目標をあっけなく達成してしまった（藤井非三四『帝国陸軍師団変遷史』国書刊行会、二〇一八年）。

日本陸軍では師団を戦略単位と位置付けていたが、その師団数を四年で三倍にしたのだから、それを支える戦略基盤の拡充を同時並行的に進めなければならなかったはずだ。ところが「一銭五厘」と「国民皆兵」の呪縛から抜け出せず、兵員はいくらでも集まるものと安心していた。加えて「暴支膺懲」などのスローガンに眩惑されたのか、それとも数値目標を闇雲に追求する体質からか、「なんだ、鉛筆の先だけで戦略単位を生み出せるではないか」と安易に考えるようになった。

そこで生まれた致命的な問題は、すぐにも露呈することとなる。装備の基本中の基本である小銃の不足で全軍が悲鳴をあげる事態となってしまった。長年にわたって想定していた対ソ戦では、人口過疎の広漠地において一定の戦線を形成して押し出していくのだから、自然と後方部隊は掩護される形となる。ところが中国戦線では、民衆の海のなかで作戦することになるため、後方諸隊も十分に自衛しなければならなくなり、小銃が不足するようになった。死傷者が残したものが部隊や患者集合所などに集まるものの、縁起が悪いといってだれも手にしたがらないし、それを回収して再交付する準備が整っていないから、小銃不足はすぐにも深刻化した。

こうした事態を受けてまずは保管装備を回し、次に学校教練で使っているもののうち状態がよいものを回収して戦線に送っていた。ところがその程度では、需要を満たすことはできない。さらに間が悪いことに、昭和十四（一九三九）年に口径七・七ミリの九九式小銃が制式化され、生産ラインが口径六・五ミリの三八式歩兵銃から切り替わる時期がちょうど迫っていた。国内ではとても対応できないとなり、昭和十三（一九三八）年末に三菱商事を代理店として緊急輸入を行なうという話になった。すぐに駐独武官がチェコスロバキアのブルーノ社に向かったが、納期の問題から商談はまとまらなかった。小銃も満足にないのに戦争を始めるとはと、これを知る者だれもが嘆いたという。

大量動員による戦略単位数の増加は、用兵側にとっては満足すべきことだが、一方で常に質の低下を意識しておかなければならない。大正軍縮以来の常設師団一七個の場合、甲種合格の現役兵が回されてくるから、兵員の質は高いレベルが期待できる。それでも損耗を埋める補充兵のなかには、未教育兵も多いのだから、部隊の質は低下し続ける。

日華事変当初の特設師団では、編成当初の要員の多くは昭和十六年十月まで後備役が主体だった。すなわち甲種合格で二年在営し、それから五年四ヵ月は予備役を務め、次いで一〇年の後備役となっている者たちだ。一応は甲種合格の現役兵として入営し教育訓練は受けているが、三〇歳を超えた家族持ちとなると精鋭とは言いがたいだろう。昭和十二年九月、特設師団の第一〇一師団が東京で編成されたが、これを視察した参謀本部第二課（作戦課）の部員は、兵員は年をとり、各級指揮官に現役が少ない、これで大丈夫かと懸念したそうだ。この戦力が懸念された部隊を上海戦線の激戦地に投入するのだから、無責任きわまりない話だった（井本熊男『作戦日誌で綴る支那事変』芙蓉書房、一九七八年）。

早くから大陸戦線にある第一線部隊では、どうしたら応召兵の士気を維持できるのかが話題になっていた。現場の声としては、戦地勤務はできれば半年以内に止め、長くても一年で復員させればどうにか士気が維持できるとしていた。ところがそんな声は、中枢部には届かない。耳に入ったとしても、「国民皆兵」だからと気にもとめず、大所高所からの評論に時を過ごす。極端な場合、軍馬の調達のほうが心配だという声すらあったようだ。

動員率が高まれば、軍隊の質が低下するのは当然だ。体力的にも、性格的にも軍務に適さない者が多く入隊してくるからだ。日露戦争で日本は約一〇九万人を動員したが、この時の動員率は二・二パーセントだった。最大の激戦となった旅順要塞攻略戦では、第一線の歩兵大隊が三回も兵員を総入れ替えするほど大損害を被ったが、それでも軍紀崩壊という事態は避けられた。動員率が三パーセントに達しなかったので、兵員の質や部隊の団結・士気といった軍隊組織の根本である建制が維持されたからだ。

これに対して日華事変が始まって三年、昭和十五年に入ると日本陸海軍は合計で約一五七万人に達し、日露戦争中の動員率を超えた。これから先は日本にとって未知の領域となり、よほどの注意を払わなければならなかった。さらには中国戦線は民衆の海のなかでの非正規な戦闘だから、軍紀の保持がむずかしいことも念頭に置いていなければならなかったが、どうもそのあたりの認識が甘かったように思われる。

動員率があがったことによって、本来ならば徴集してはならない者、出征させてはならない者までも公民権があるからと徴集して戦地に送ってしまった。そして再犯を繰り返す犯罪的な性向が顕著な者、反社会団体の構成員、知能に大きな問題を抱える者、変態的な性癖を有する者も員数合わせで混沌《こんとん》とした大陸戦線に投入したのだから、問題が起きないはずがない。しかもそういったアウトローを統制する仕組みがないのだから、これらが軍隊に流した害毒は深刻なものとなった。とくに敗戦後、俘虜《ふりょ》収容所の多くが暴力に支配されてしまったことは、問題の大きさを明確に証明している。

明治時代はいざ知らず、昭和に入れば国民の教育程度も向上し、いつまでも「滅私奉公」というかけ声だけでは済まなくなった。社会の構造も大きく変化し、農村出身の純朴な青年だけを相手にしていればよい時代は過ぎ去ったにもかかわらず、そうした認識が軍にはなかった。とくに都会の部隊は、各階層の人が入り交じって統率がむずかしくなり、不祥事が多発する事態となった。

補充が容易ではない「神様」

戦前の日本では、技術者と呼ばれる人の多くは職人特有の徒弟制度で育てられ、長年にわたる修練の末に「神様」の領域までにいたった人間国宝級の名人がそれぞれの分野に君臨していた。陸海軍でも戦力発揮でキーになる部分は「神様」に委ねていた。この「神様」を育成するには時間もかかるし、だれもが「神様」になれるものではない。そのため補充がむずかしく、大量動員で部隊の数が膨れ上がると、キーとなる部分に練達した人材がいないという事態に陥る。

海軍で「神様中の神様」といえば、戦艦の主砲の照準を定める方位盤を囲むトリオだとされていた。方位盤とは、正確な射撃に必要な諸元を歯車で入力する機械式コンピューターとも言うべきものだ。これに入力された射撃諸元をもとにして、左右照準の修正を受け持つのが旋回手、自艦の動揺を修正するのが動揺手、そして上下照準（射距離）の修正をしながらこの三本の指針が重なる瞬間を見定めて引き金を落とすのが射手で、とくに方位盤射手と呼ばれていた。

この特務士官や兵曹長のトリオこそが戦艦の戦力発揮を担っており、ひいては連合艦隊の命運を左右する存在だった。その技量は、戦艦「大和」では次のようなものだった。口径四六センチの主砲が九門、その最大射程は四二キロで、発射から九〇秒後に弾着する。そして一発一四六〇キロの砲弾九発が五〇〇〇平方メートル、すなわちテニスコート二面分に束になって落達する。この精度で試射を二発して目標を挟めば、次の斉射で確実にそれを撃沈するという技量だ。そうでなければ、こちらが轟沈《ごうちん》しかねないのだから、艦長はもちろん、司令官までが方位盤射手には敬意を表し、名字に「さん」を付けて呼んでいた。

そこまでの技量に達するには、長きにわたる修練が求められる。徴兵検査で甲種合格して海軍を志願して海兵団に入り、二等水兵の時に選抜されて横須賀の砲術学校普通科に入校して修練の道が始まる。そこでの成績が飛び抜けて優秀な者は六ヵ月課程の補修員に進み、このなかから「砲術の神様」が生まれる。そして戦艦の主砲分隊に配属されて砲塔の砲手となる。それから艦艇勤務を挟みながら、砲術学校高等科、特修科と進み、場合によっては砲術学校の教員を務める者もいる。

そして、方位盤の動揺手、旋回手としての実績を積み重ねて射手となり、連合艦隊の主砲射撃戦技訓練で実績を示し、これでようやく国宝戦艦「大和」と「武蔵」の艦橋のトップに位置する方位盤を囲むトリオとなる。育成にこれほどの時間がかかるのだから、戦時だからといって速成はできない。戦艦が次から次と就役することはないから、どうにか対応できるということになるのだが、この「神様」は主砲だけではなく、高角砲、水雷、見張り、機関と艦艇のあらゆる部署に存在していたのだから、戦争が長引けば質の低下に関する悩みは海軍でも深刻だったはずだ。

陸軍の砲兵科は、科学と勘が併存する世界だから、ここにも要所要所に「神様」が鎮座していた。砲側から視認できない目標を砲撃する間接射撃の場合、砲側のそばに測地の基線を設けるが、その両端には目印となる赤と白で塗り分けた標桿《ひようかん》を直立させる。これをしっかりと正確に直立させることからして年季がいる。そして巻き尺も使わずに、これまた正確に二〇〇メートル先に標桿を素早く直立させる。ここからして砲撃の「神様」の登場だ。

そして砲兵の表芸が弾着の観測だ。砲弾の信管には、瞬発、短延期、瞬発と短延期の二働、曳火《えいか》、硬目標用の弾底延期など各種ある。瞬発信管ならば弾着点に白煙があがり視認しやすいが、すぐに風に流されてしまう。短延期信管の場合、いったん弾着してから跳飛して空中で炸裂するから、弾着点がどこかを割りだすのがむずかしい。曳火信管は空中で炸裂し、それを地図上に標示するには習熟が求められる。そして修正した射撃諸元を砲側に送るのだが、これまた熟練を要する。そしてこれを受けて諸元を修正して素早く射撃する。測地、観測、通信そして射撃の「神様」がそろっていなければ、話にならないのが砲兵の世界だった。

熟練した兵員がいなければ戦力が発揮できないことは、程度の差こそあれ、どの兵科も同じだ。技術の面の問題がそう大きくない歩兵科だが、ここにも「神様」がいないと困る場合が多い。日本陸軍において歩兵の火力を支えた擲弾筒《てきだんとう》（手榴弾《しゆりゆうだん》を投射する簡便な迫撃砲）を自由自在に使えるようになるには、徹底した錬磨が求められた。重機関銃の射手も同様で、火器の整備補修にも名人がいる。ほとんどの故障をヤスリ一丁で直してしまうのだから、これは名人というより「神様」だ。

このような世界で大量動員ということになると、育成に時間がかかる名人芸の職人が足りなくなる。名人級がいないと戦力を発揮できないといって、新編部隊はその割愛を求め続ける。既存の部隊は新編される部隊に優秀な人材を割愛するというのが「編成道義」だが、これはまず守られない。有能な者を転出させてしまえば、自分たちの任務遂行に差し障るという立派な理由があるからだ。

とくに前述した砲兵科では、この傾向が顕著だったようだ。その結果、新編部隊には腕がよい者が回ってこないことになり、戦力発揮が期待できない結果となる。そこで新編部隊は、あれこれ手間がかかる間接射撃を敬遠し、砲車を敵前に引っ張りだして直射するばかりとなる。日華事変という非正規な戦争を続けたことで、軍隊の質は劣化したが、そのなかでもっとも問題だったのは砲兵科だと指摘する声が多かった。

急激に膨張した航空の世界も、陸海軍ともに大きな問題を抱えていた。航空機の搭乗員の育成には長い時間と多額の経費を必要とし、平衡感覚など適性の問題があってだれでもよいというわけにはいかない。そういうことで平時は大量育成は無理とされ、錬磨主義により「一騎当千」を育てていた。こうした事情は世界各国で共通していた。日本は徒弟制度による職人の育成は得意の分野で、空中戦、雷撃、急降下爆撃、水平爆撃、偵察、航法とどこにも達人がいた。また、各航空隊、飛行戦隊にも「神様」がいて、隊長の名前は知らなくとも、「神様」の名前を聞けばどこの部隊かわかるぐらい広く知られていた。

これに対して米軍は、空軍の急速な拡張のためにパイロットの大量循環・大量育成に挑んだ。もともとアメリカの青年は自動車の運転で機械に馴染《なじ》んでいたため、これが米軍の強みとなった。米軍では第一線で実績をあげたエース・パイロットを後方に下げ、教官として後輩の育成に当たらせるシステムを作り上げた。これは『呉子』治兵篇が説く、「一人学戦、教成十人、十人学戦、教成百人……」＝「一人が戦いを学べば一〇人を教え成し、一〇人が戦いを学べば一〇〇人を教え成し……」の実践だ（前掲『中国の思想第一〇巻　孫子・呉子』）。米軍が採用したこの育成手法を知った日本軍は、これを機械主義と名付けた。

この要員の大量養成と航空機の大量生産とをもって米軍は、日本軍を航空消耗戦に引きずり込んだ。当初は日本軍の錬磨主義と米軍の機械主義が拮抗《きっこう》していたが、いつしか多勢に無勢の「数は絶対」となり、どんなに卓越して神の領域に達していた搭乗員もいつかは食われてしまう。これを補充しようにも、とにかく「神様」なのだからすぐにとはいかず、部隊の戦力は低下の一途をたどる。

では日本はどうすべきだったのか。空戦の達人を一年も南方戦線に縛り付けて消耗させてしまうのではなく、機を見て内地に呼び寄せ、休養を取らせつつ後進の教育に当たらせ、また戦線に復帰させるというローテーションを確立させれば、また違った結果となっただろう。優秀だからといって一方的に負担をかけ続ける戦い方は、一時的には成果を収めるだろうが、永続的にとはいかない。才能のある者ばかりを酷使し、結局戦力をなくしてしまったのが日本軍だった。

軍紀・風紀の弛緩《しかん》から生まれた『戦陣訓』

問題は将校の資質低下

日本軍は厳格な軍紀・風紀を堅持していることを誇りとし、それを戦力の根源としていた。階級の上下、先任と後任の違い、そして命令と服従という厳格な関係を使って軍紀・風紀を確立していたとされる。ただし平時における兵営の実態となると、将校、下士官、兵卒と三つの組織に分かれて、それぞれが自転していたと言ったほうが正しかったろうが、それでも軍紀を保っていた。

年功序列の国らしく、兵卒の間には「メンコの数」という絶対的な掟《おきて》があった。軍隊の食器は「面桶《めんとう》」と呼ばれていたが、これが訛《なま》ってメンコとなり、何食食べたか、すなわち在営期間の長短を示す用語となっていた。日本軍における悪行の代名詞ともなった内務班での私的制裁は、多くは階級にものをいわせて下の者をいたぶるのではない。入営して一年教育を受けても一等兵に進級できなかった二等兵が、翌年に入営した新兵の二等兵に難癖を付けて殴り、鬱憤を晴らすという場合が多かった。

選抜されて甲種幹部候補生（甲幹）になった者は、入営三ヵ月で一等兵になり、それから二ヵ月ごとに進級する。すぐに前年に入営した者の多くを階級で追い抜くのだが、それでもメンコの数から「古兵殿」と敬意を表さなければならず、なにか揉《も》めると古兵たちが団結して階級が上の甲幹に凄惨な私的制裁を加えるという珍妙なことが起きていた。そんな実情を部隊を管理すべき将校が見て見ないふりをしたり、まったく知らなかったという人すらいた。

こんな実情の部隊も、戦時編制に移行して戦地に出征すると雰囲気は変化する。まず、現役の者よりも新たに召集された者のほうがメンコの数が多い場合もあるから、軽々しく私的制裁を加えると兵営の神聖な掟を破ることになる。さらに戦地では刃を立てた小銃の銃剣や弾薬、手榴弾が各人の手元にあるから滅多なことはできない。また、戦地で生きていくには部隊が真に団結しなければならないとだれもが自覚し、将校、下士官、兵卒の関係も内地の兵営とは違ったものになる。

戦時編制に移行し出征するとなれば、再教育の必要があるのだが、多くの場合その時間的な余裕がない。しかも、その教育はどこが担当するのか定かではなかった。教育総監部の担当だろうと思うが、戦時編制に移行すると教育も軍令系統に移るとされていて、それを所掌するのは師団司令部あたりだろうと曖昧になっていた。

部隊を統率・統御する各級将校の資質が大動員によって低下したことが根本的な問題だった。陸軍士官学校での教育期間は大正九（一九二〇）年度以降の制度によると、陸士予科入校から四年六ヵ月の修業を経て少尉任官となっていた。この修業期間の短縮が昭和十二年度から始まり、陸士五〇期生は三年一〇ヵ月の修業となった。最後の少尉任官は陸士五八期生だが、その修業期間は三年五ヵ月となっている。

これに戦時のインフレ人事が追い打ちをかけた。歩兵大隊長に充てられる少佐に進級するには、従来は少尉任官から一五年かかっていた。それが戦争末期には少尉任官から五年で少佐に進級して、戦術単位となる歩兵の大隊長を務めていた。やはり指揮官としての習練が足りないというほかない。

さらに問題を複雑にしたのが、兵卒と接する下級将校の多くは陸士出身の正規な兵科将校ではなかったことだ。戦時編制に移行すると、平時編制にない歩兵の小隊を新たに設けるから小隊長を務める多くの少尉が必要となる。そこで明治十六（一八八三）年、学歴のある者は一定額を納金の上で一年在営することによって予備少尉に任官させる一年志願制が設けられた。これが発展して昭和八年からの幹部候補生（幹候）制度となった。入営三ヵ月後の検定に合格すれば全員が幹候を志願できることとなり、成績によって将校適の甲種幹部候補生（甲幹）と下士官適の乙種幹部候補生（乙幹）とに区分された。平時においては、甲幹三五〇〇人、乙幹二五〇〇人が毎年の選抜数だった。

当初、甲幹の教育は部隊ごとに行なわれていた。入営三ヵ月で甲幹の検定に合格して一等兵に進級すれば、これ以降二ヵ月ごとに進級するから入営一年で軍曹となり退営する。翌々年、見習士官として二ヵ月ほど部隊勤務をして予備少尉に任官する。乙幹は上等兵として勤務、退営時に伍長となる。

戦時になると甲幹の教育を効率化させ、かつ資質の平準化を図るため、昭和十三年度から予備士官学校が設けられ、そこでの集合教育に切り替えられた。現役として入営して六ヵ月で予備士官学校に入校、ここで一年間の履修を経て、次いで甲幹となった原隊で見習士官勤務を半年務め、この二年間で予備少尉に任官となる。これらの甲幹の制度で生まれた予備将校が幹部の主力となり、昭和二十年には兵科少尉、中尉の合計一六万五〇〇〇人中、七〇パーセント強を占めるほどになっていた。この甲幹の制度がなければ、少なくとも陸軍は太平洋戦争を戦い抜くことはできなかったろう。

個人差はあるものの、この修業期間ではたとえ小さい部隊でも統率・統御できるだけの知識と能力を確立できたのかと疑問視する人も多かった。また、甲幹出身の将校は部下に対する責任感に問題があったと指摘する人もいたという。ともあれ、軍紀弛緩の責任を下級将校に求めることは酷な話で、高級指揮官の将官すらも軍紀を確立しようとしていなかったのだから話にならない。

日華事変の緒戦時から、軍紀・風紀の弛緩から生じた不祥事の頻発に日本軍は悩んでいた。昭和十二年十二月から翌年三月にかけての南京《ナンキン》事件がその顕著な例だった。南京入城の翌日、十二月十八日に挙行された慰霊祭の式場において、中支那方面軍司令官の松井石《いわ》根《ね》大将（愛知、陸士九期、歩兵）は将兵の非行を強く叱責し、「皇威を一挙に墜《お》としてしまった」と涙ながらに訓戒した。すると列席していた一部の将官までが、「大将にまでなってなにを言うか、略奪などは戦場の常だ」とうそぶき冷笑していたと伝えられる。

とくに南京事件の場合、早くから外務省や各国外交団、外報を通じて軍当局も現地の惨状を承知していた。さらにはどういうつもりなのか、出征した将兵が戦地での蛮行を事細かく家郷に書き送り、生々しい写真を添えるケースも多かった。カメラやフィルム、現像となると一般の兵卒の手が届くものでないから、相当な地位の者の所業に違いない。これが内地に流布することを防止するため、長崎に検閲機関を設ける騒ぎとなった。

ついには陸軍省も座視できなくなり、昭和十三年一月初頭に陸軍省人事局長だった阿南惟幾少将を南京に送り込んで現地調査に当たらせた。人事局長を派遣したことからもうかがえるが、事態を人事異動や部隊の移動で収拾しようと考えたのだろう。実際、南京事件の渦中にあった第九師団（金沢）は昭和十四年六月、第一六師団（京都）は同年七月、第一〇一師団（東京）は同年十一月にそれぞれ復員、内地帰還となっている。

軍紀崩壊の真因

当然のことだが、軍紀・風紀の乱れを根本的に是正しなければならないとの動きもあった。早くも昭和十三年一月初頭、参謀総長の閑院宮載仁《かんいんのみやことひと》大将（京都、草創期、騎兵）は、「軍紀風紀ニ関スル件」との要望書を松井石根と北支那方面軍司令官の寺内寿一に送付した。これは参謀総長の要望という形だったが、実質的には戒告に等しいものとされている。おそらくこれが参謀総長の軍紀・風紀に関する戒告の最初で最後のものだろう。

また野戦重砲兵第五連隊長（小倉）として華北戦線に出征した遠藤三郎大佐（山形、陸士二六期、砲兵、航空転科）は、軍紀・風紀の乱れに危機感を抱いた。昭和十二年十一月、参謀本部総務部第一課長（演習課）兼大本営教育課長に異動した遠藤は、軍紀・風紀の刷新を図るため『従軍兵士の心得』という小冊子を編集した。これは板垣征四郎陸相（岩手、陸士一六期、歩兵）や阿南惟幾人事局長らの賛同を得て、一〇〇万部以上も配布された。

もちろん、軍紀・風紀の振作は軍隊にとって命脈ともいえるものだ。しかし、説教や念仏だけで確立するものではなく、心得だけでは掠奪《りゃくだつ》、強姦《ごうかん》、無差別殺人、放火といった重大な不祥事を防止することはできない。この問題は『管子』牧民篇に「倉廩実則知礼節、衣食足則知栄辱」＝「倉廩《そうりん》みつれば礼節を知り、衣食足りて栄辱を知る」とあるように、ヒトという動物の本性から考えなければならない。

補給能力が劣っていた日本軍は、すぐに糧食の補給が途絶えがちになる。そこで糧食の現地調達となるのだが、本来は「官憲徴発」といって、師団司令部の兵器部長や経理部長を指揮官として、その作戦命令によることとなっていた。しかし実際にはそんな悠長なことでは間に合わないから、部隊ごとに徴発を行なうことになる。本来ならば部隊長が認めておらず、指揮官を定めていない徴発は掠奪となり、軍法に問われるのだが、生きていくために不可欠であり、そうでもしなければ任務を達成できないという立派な理由があるのだから、だれも良心が痛まないし、指揮官も黙認するほかはない。

長い行軍の末に野営地に到着して大休止となると、まず馬の手入れや炊事の水、あるいは食物や薪を求めて兵士たちは歩き回る。そこで逃げ遅れた婦女子と遭遇すると強姦が起きる。これは軍刑法上の重罪だから証拠隠滅のために被害者を殺害し、それでもなお発覚の恐れがあるとして放火する、といった具合にどんどん罪科が重くなる。そのきっかけが、止むに止まれぬ食物などの現地調達にあるのだから、防止策は潤沢な補給ということしかない。ところがすべてが準備不足のため、すぐには改善策も講じられない。しかも大量動員のため、部隊に入り込んできた不純分子や犯罪分子を監視し除去する措置も用意されていない。

中国戦線において主要都市の攻略戦が一段落し、交戦双方が長期持久の態勢に移行した昭和十四年秋ごろから、軍をめぐる不祥事は減少傾向にあるとされた。しかし、問題は潜在化したため、より深刻な事態となっていると認識されていた。婦女子を白昼に襲うような事件は目立たなくなるが、代わりに隠れて現地の女性を囲うようになる。占領地を抱えると、戦地での一攫千金を狙ったいわゆる「一旗組」が入り込み、利権漁《あさ》りに狂奔する。それが軍の出先と癒着すれば、軍紀・風紀が根本から崩壊しかねない事態となる。

そして限られた兵力で治安の維持を図るとなれば、部隊を高度に分散させて配置するほかない。昭和十四年秋、河北省の京漢線《けいかん》沿線で治安維持に当たっていた独立混成旅団二個、兵力一万人はなんと二三二ヵ所に分駐していた。下士官が配置されている分哨ならばまだましで、兵長以下数人という分哨もごく普通という状況だった。こうして将校の目が行き届かないところで現地住民と接触するのだから、不祥事が起きないほうが不思議だ（藤井非三四『知られざる兵団　帝国陸軍独立混成旅団史』国書刊行会、二〇一〇年）。

屋上屋を架する形となった『戦陣訓』

昭和十五年に入っても大陸戦線での不祥事、軍紀・風紀の弛緩の報告が絶えないことを憂慮した陸軍省は、軍事課長の岩畔豪雄《いわくろひでお》大佐（広島、陸士三〇期、歩兵）を派遣して現地の実情を調査することとなった。その帰朝報告によると、戦地の異常環境に即応する具体的な教訓を示す必要があるとされた。当時、陸軍の首脳部の多くは大陸戦線を歩いてきた人たちであり、とくに陸軍次官の阿南惟幾は人事局長のときに南京事件の調査に当たっていたから、軍紀・風紀についての関心は深かった。

昭和十五年七月、陸相に就任した東條英機もこの岩畔の提言に同意したものの、具体的な教訓集や訓戒をどこで編集するかがなかなか決まらない。本来ならば戦地における教育は統帥系統で行なうとされていたのだから、参謀本部総務部第一課（演習課）、すなわち大本営教育課が所掌すべきところだ。ところが明治十五（一八八二）年一月に明治天皇が下した『軍人勅諭』との整合性の関係で厄介な問題に発展しかねない。そこで早くから戦地にある部隊の教育に関与させよと主張していた教育総監部に編集を押し付けた。

難題を持ち込まれた教育総監部の第一課（軍隊教育一般を所掌）は、課員の浦部彰少佐（茨城、陸士二八期、歩兵）を主務者とし、嘱託の中柴末純《なかしばすえずみ》予備役少将（長野、陸士八期、工兵）を顧問として編集作業を進めた。やがて草案ができて各方面に送付し意見を求めたところ、賛否両論となった。関東軍と内地にある部隊は反対、その理由は『軍人勅諭』の徹底こそが問題解決の早道というものだった。ところが支那派遣軍は、一刻も早く『軍人勅諭』を補塡する材料が欲しいということだった。そこで教育総監部としては、兵卒でも理解しやすいようにと島崎藤村、土井晩翠《ばんすい》ら文芸作家にも修文を願い、『戦陣訓』を完成させ、昭和十六年一月に陸相訓示という形で全軍に示達した（今村均『続・一軍人六十年の哀歓』芙蓉書房、一九七一年）。

『戦陣訓』は大きく三つの「本訓」からなり、「序」と「結」を合わせて二一項目、全体で三〇〇〇語からなる。この狙いは、「結」にある「戦陣道義の実践に資し、以《もっ》て聖諭（軍人勅諭）服行の完璧を期せざるべからず」という部分にあった。『戦陣訓』について今日なお語られるのは、本訓其《そ》の二の第八「名を惜しむ」の後半「生きて虜囚の辱《はずかしめ》を受けず、死して罪禍の汚名を残すこと勿《なか》れ」だろう。しかしこの『戦陣訓』が将兵に真に伝えたかったことはこれではなく、本訓其の三の第一「戦陣の戒《いましめ》」だった。

その一には「……敵及住民を軽侮するを止めよ」とある。その六には「敵産、敵資の保護に留意するを要す。徴発、押収、物資の燼滅《じんめつ》等は総《すべ》て規定に従い、必ず指揮官の命に依《よ》るべし」とある。その七には「皇軍の本義に鑑み、仁恕《じんじょ》の心能《よ》く無辜《むこ》の住民を愛護すべし」、その八には「戦陣　苟《いやしく》も酒色に心奪はれ、又は欲情に駆られて本心を失ひ皇軍の威信を損じ、奉公の身を過るが如きことあるべからず」、その九には「怒を抑へ不満を制すべし、怒は敵と思へと古人も教へたり。一瞬の激情悔を後日に残すこと多し」とある。まったくもってもっともな訓戒だった。

考えてみれば、忠節、礼儀、武勇、信義、質素という五つの徳目を掲げた『軍人勅諭』に拳拳服膺《けんけんふくよう》している人ならば戦場で非行・蛮行を働くはずもなく、周囲で不祥事が起きればそれを制止して善導するはずだ。ところが現実にはそうならなかったということは、あれほど将兵に叩き込んだはずの『軍人勅諭』の精神が浸透していなかったからだと結論せざるを得ない。

屋上屋を架すきらいがあるにしても、『戦陣訓』を副読本として活用し、『軍人勅諭』を奉じる真の国軍の姿を取り戻そうとした指揮官も多かったことだろう。しかし、その指揮官の権能がおよぶ範囲は限られているのだから、せめて自分の部隊だけでもと、人事異動があれば問題児をつまみ出してお払い箱にすることになる。こういう編成道義に反する人事異動が行なわれると、すぐに不良分子が吹き溜まる部隊が生まれ、いわゆる独立愚連隊と化する。

昭和十七年十二月末、山東省西部の館陶《たてとう》に駐屯していた独立歩兵大隊の中隊で抗命、武器を使っての暴行、強迫および殺傷、逃亡、軍用物破壊といった重大事件が発生した。後方の警備や治安維持に当たる独立歩兵大隊は当初、後備役の者を召集して編成され、将校の多くも応召者だった。その任務の特性から高度に分散して配置されたため、軍紀・風紀が弛緩しがちと指摘されていた。さらに応召者は現地で召集解除となるが、その日のうちに即日召集というケースが重なり、士気も沈滞していた。そういうことがわかってはいたものの、第一線からの兵力要請を優先しなければならず、即日召集という無配慮なことを改善できなかった。

　事件の前から、この館陶の部隊は問題児の吹き溜まりになっていたようだ。そのなかの一人、古参の三年兵がこの中隊のボス的な存在となっており、これを十二月の人事で異動させることとなっていた。自分が築いた天国から追い出されたとの強い不満を抱いたこのボスは、送別会の席で暴れだし、付和雷同した者とともに小銃を乱射し、手榴弾を投げるなどしたために部隊は修羅場と化し、それが三日も続いたという。このとき、中隊長は不在だったが、ほかの将校、下士官も制止できず、隣接部隊が駆け付けてようやく騒動が収まった（戦史叢書『北支の治安戦〈2〉』）。

　広大な大陸戦線では、この館陶事件のようなことがどこで起きてもおかしくはなかった。ただ、大陸戦線の日本軍は外征軍だから、部隊が解散してしまったり、部隊から捨てられたりすれば生きて故国に帰れなくなるため、兵員たちは爆発したい気持ちをなんとか抑えていたわけだ。この問題を突き詰めていくと、日本人にとって組織の秩序とは上から押し付けられるものであって、自らが築き上げるという意識が希薄だからこのような事態になると考えられるだろう。

際限のない酷使から徴集兵を救った恩給制度

酷使の末が消耗品扱いの使い捨て

どこの国の軍隊でも、伝統的に主兵は歩兵とされてきたが、それは今日でも同じだろう。歩兵はあらゆる天候と地形を克服できる能力を有しているとされ、その軍靴で大地を踏み締め、旗を掲げて勝利を形にして見せるのだから軍の主兵というほかない。そして第一線に立ち、近接戦闘に従事するのだから損耗も大きい。昭和十三年度から編成された歩兵連隊三個を基幹とする師団では、歩兵の人員数は師団全体の六七パーセントを占めていた。そして一般的な野戦の場合、損害の八割以上は歩兵が負うのが通例だった。

平時でも歩兵の下級将校は忙しい。多くが新兵教育に明け暮れるのだが、上司はこの下級将校を競争させることが部隊統率の神髄と心得ている。古参の少尉で優秀と認められると連隊旗手となるが、これまた連隊副官の部下だから、あれこれ雑用に励まなければならない。これでは自学研鑽《けんさん》の時間もないだろうと、温情のある連隊長ならば部下の将校を時間的な余裕がある陸軍士官学校の区隊長に推薦してくれ、それでようやく陸大の受験勉強に励めることとなる。

これが戦争となれば、第一線に立つ歩兵の下級将校は忙しいどころの騒ぎではない。まず、戦場で生き残る術《すべ》を学ばなければならない。稜線《りょうせん》から頭を出す際には、葉の付いた木の枝や草をそっと稜線上に差し出し、弾《たま》が飛んでこないことを確かめてからゆっくりと頭をあげる。迫撃砲の試射に挟まれたならば、すぐさますこしでも低いところに身を投げだす。これらが反射的に行なえるまでには時間が必要だが、それが身に付く前に死傷というケースが多かったに違いない。

そしてなまじ命令の起案がうまいとか、戦術眼があるなどと評価されると連隊本部に縛り付けられる。彼が中隊長だから安心していられるということになると、まず中隊から逃げだせない。そんなことで大陸戦線の歩兵の尉官は、陸大に合格するか、戦死しない限り第一線から抜けだせないと語られていた。その陸大受験も師団の命令によるもので、自分の思うようにはいかない。少佐になって大隊をまかされ、実績を残せばこれまた大隊長であり続ける。

海軍で歩兵のような立場に置かれたのが駆逐艦の乗組員だった。駆逐艦には満足な装甲は施されておらず、その点でも歩兵と同じだ。歩兵は地形や地物を利用して身を隠すことができるが、駆逐艦が身を隠せるのは暗闇だけだ。レーダーが普及するとそれも失われた。

太平洋戦争では、海戦の様相が戦前の想定と大きく異なって島嶼の争奪戦となり、軽快な機動力を発揮する駆逐艦が戦力の中心となった。主力艦艇や重要船団の護衛、部隊の輸送や補給のためチョロチョロと動き回って空爆を回避するネズミ輸送と、駆逐艦は八面六臂《ろっぴ》の活躍を見せた。その結果、一線級の駆逐艦一三四隻中、終戦まで生き延びたのは一二隻だけとなった。この駆逐艦の大量喪失は、その乗組員も消耗品扱いの使い捨てにされたことを意味する。

ソロモンの諸海戦で伝説的な人物となった吉川潔《きつかわきよし》中佐（広島、海兵五〇期、水雷）は、水雷学校高等科を修了してから、水雷長、艦長として一〇隻の駆逐艦を乗り継いでいる。「大潮」艦長のときに太平洋戦争の開戦を迎えて南方進攻作戦に従事し、昭和十七年五月に「夕立」の艦長となり、ガダルカナル争奪戦に参加することとなった。そして九月、第二駆逐隊の「夕立」「叢雲《むらくも》」「初雪」はガダルカナルへのネズミ輸送を終えるや、ルンガ泊地に突入してガダルカナルの米軍飛行場に砲撃を浴びせて日米両軍を驚かせた。

同年十一月十三日の第三次ソロモン海戦では、ガダルカナルの飛行場砲撃に向かう戦艦「比叡《ひえい》」「霧島」の前衛を務めた「夕立」は、敵艦隊を発見するや「春雨」とともに突撃を敢行し、果敢な砲雷戦を展開した。先頭に立った「夕立」には敵の砲火が集中したため炎上して沈没したが、吉川は生還した。これらソロモン海戦の奮戦ぶりから「夕立」は「海の黒豹《くろひょう》」と呼ばれるようになった。

続いて「大波」の艦長に転じた吉川だが、昭和十八年十一月末にブーゲンビル島へのネズミ輸送に向かう際、米軍の待ち伏せに遭って「大波」は沈没、吉川も帰還しなかった。彼の戦死は全軍に布告され、二階級特進で少将が遺贈されている。

陸軍では鉄道という地味な分野ながら、なんと満州事変から終戦まで大陸戦線で使われ続けた人もいた。終戦時に鉄道第一二連隊長（千葉県津田沼）だった坂元三男中佐（鹿児島、陸士三六期、工兵）だ。昭和六（一九三一）年九月に満州事変が突発すると、鉄道第一連隊（千葉）にあった坂元中尉はすぐさま満州に派遣されて、長い大陸戦線での勤務が始まった。満州各地で鉄道の復旧などに当たった鉄道第一連隊は昭和八年に現地で復員したが、その人員の多くをもって鉄道第三連隊が新編され満州に残ることになり、坂元中尉もその一人だった。

昭和十二年七月、盧溝橋事件が起きると鉄道第三連隊は満州から華北に派遣される。昭和十三年には鉄道第五連隊が新編され、坂元はここに転属し、津浦線《つほう》（天津《てんしん》〜浦口《ほこう》）や広九線（広州〜九龍《きゅうりゅう》）の復旧に当たった。さらに南下して、昭和十五年三月からは広西省の南寧作戦にも参加して軽便鉄道を敷設している。それからはベトナム、ビルマ、マレーと進み、行き着いた先が泰緬《たいめん》鉄道（タイ〜ビルマ）の建設現場だった。この工事は、タイ側からは鉄道第九連隊（津田沼）、ビルマ側からは鉄道第五連隊が担当し、昭和十七年七月に着工し、十八年十月に全通させた。

日本陸軍による最大の作戦となった、中国の占領地をつなぎ合わせる「一号」作戦の目的の一つは、大陸鉄道の一貫運行によって南方資源の内地還送を促進することだった。そのため中国戦線の鉄道工兵の強化が図られることとなり、昭和十九（一九四四）年中に鉄道連隊五個が新編された。その一つである鉄道第一二連隊（津田沼）の連隊長に選ばれたのが坂元だった。長沙に入った鉄道第一二連隊は、「一号」作戦の主正面となる粤漢線（広州〜武漢）、湘桂《しょうけい》線（長沙〜桂林《けいりん》）の復旧・運行を担当した。そして連隊は長沙で終戦を迎えて復員となった。

ところが坂元には泰緬鉄道建設にまつわる戦犯容疑がかかり、身柄をシンガポールに送られ拘禁されてしまう。その後、戦犯裁判もどうにかくぐり抜けて無事帰国した。坂元中佐にとってはまさに十五年戦争だったが、彼の述懐によれば「陸軍省は俺のことを忘れていたんだな」ということだった。

あれほど厚遇して育てた航空機搭乗員、エリートとして育成した陸士・海兵出の正規将校や士官ですら酷使され続け、消耗品扱いの使い捨て同然だった。兵役義務を果たすことが求められて徴集された兵員、そのなかから選抜された陸軍の幹部候補生、海軍の予備学生などの扱いはさらに苛酷だったことは想像に難くない。国民を酷使して使い捨てにするという、国家として破滅的な行為をいくぶんかは緩和したのが次に紹介する恩給制度だったとは、なんとも皮肉なことだった。

恩給制度の実態と吝嗇な体質

昭和期の恩給制度は大正十二（一九二三）年十月に施行された恩給法によるもので、これは基本的に武官と文官に共通したものだったが、さまざまな形で軍人が優遇されていた。この恩給には、年金としては普通恩給、増加恩給、傷病年金、扶助料の四種があり、一時金としては一時恩給、傷病賜金、一時扶助料の三種があった。ここでは主に普通恩給を見ていくことにする。なお、扶助料は年金として遺族に支給されるもので、戦死の場合は普通恩給の全額、殉職など公務死の場合は二分の一、病死の場合は三分の一を基本としていた。戦後、戦犯に問われて刑死した場合は公務死扱いになっている。

准士官以上は在職一三年、下士官以下は在職一二年で普通恩給の受給資格が生まれる。平時にあっては、陸軍では少佐のころ、海軍では大尉のころに該当することになる。受給資格が生まれてすぐに退官となった場合、退官一年前の俸給総額の三分の一が年金として支給される。受給資格が生まれてからも在職し続ける者には、勤続が一年増すごとにこの俸給総額に一五〇分の一が増額される。そのため現役定限年齢まで在職すると、最終年俸の半分ほどの年金が期待できた。それなりの体面が保てる金額だろうが、なにかと物入りが多い退役将官は、陸海軍ともに物価が安いとされた広島に居を定める人が多かったという。軍国日本とは言われながら、その実態はなんとも世知辛いものだった。

この年金の支給は国庫にとって大きな負担だったが、少なくとも軍人恩給は国にとって負担が軽い面があった。大正末には、恩給の支給を受けている軍人の平均寿命は陸軍で四六歳、海軍で四二歳だった。警察官で五四歳、一般文官で六二歳であり、全体で平均すると五一歳となっていた。本人が死去しても遺族に三分の一の扶助料が支給されるが、今日では考えられない「人生わずか五十年」の時代だったから、それだけ恩給に関する国庫の負担は軽かったことになる（成田篤『縦横漫談　陸海軍腕くらべ』大日本雄弁会、一九二七年）。

平時においては、幹部候補生出身の予備少尉を含めた一般徴集兵が一二年以上にわたり勤続することは考えられないから、これらから恩給受給資格者が生まれることはない。当面想定されていた事変や騒乱は中国における権益をめぐるものであるため、平時編制の一個もしくは二個師団の出動、派遣期間は一年以内に止まるだろうから、これまた恩給受給資格者が想定以上に増えることは考えにくかった。

このようなことだったから、盧溝橋事件が拡大し、紛争の長期化が不可避となったとき、軍はさることながら財務当局は慄然としたことだろう。当面の戦費は昭和十二年九月からの臨時軍事費特別会計で青天井にはなったものの、戦後にその穴埋めをしなければならない。さらには恩給支給の重荷が国家財政にのしかかってくる。事変解決後、中国から十分な賠償金が得られなければ、国家財政そのものが破綻しかねない。賠償金が得られなかった日露戦争の悪夢再びといったところだ。

なぜこうなるかだが、軍人を優遇するために恩給法には、戦地での勤務などに応じて実在職年に一定の年数を加算する規定があるからだ。戦後の昭和二十八（一九五三）年八月に軍人恩給を復活させるにあたり、総理府恩給局が整理した恩給の加算年は一〇種で［表9］のようになっていた。

このほか、一般的な加算要件としては航空勤務、潜水艦勤務、戦車勤務、不健康業務、

表9　戦務などによる加算年一覧

戦地戦務加算	戦争又は事変に際し、職務をもって戦務に服したとき＝1ヵ月につき2ヵ月もしくは3ヵ月加算
航空基地戦務加算	戦地外にあって航空部隊に属し、航空基地において特殊の戦務に服したとき＝1ヵ月につき3ヵ月加算
戦地外戦務加算	戦地外の地域にあって戦務に服したとき＝1ヵ月につき1ヵ月もしくは1ヵ月半加算
南西諸島戦務加算	昭和19年10月10日以後、南西諸島において戦務に服したとき＝1ヵ月につき2ヵ月もしくは3ヵ月加算
北方地域戦務加算	昭和20年8月9日以後、北朝鮮、満州、樺太において戦務に服したとき＝1ヵ月につき3ヵ月加算
外国擾乱地加算	外国の交戦又は擾乱の地域内において、危険をかえりみず職務をもって勤務したとき＝1ヵ月につき2ヵ月加算
外国鎮戍加算	警備のため外国の地域に勤務したとき＝1ヵ月につき1ヵ月もしくは1ヵ月半加算
辺陬・不健康地加算	辺陬（僻地）・不健康の地域に職務をもって1年以上在勤したとき＝1ヵ月につき3分の2ヵ月もしくは半ヵ月加算
在勤加算	職務をもって台湾、朝鮮、関東州、樺太、南洋諸島に一定期間引き続き在勤したとき＝1ヵ月につき3分の1ヵ月もしくは半ヵ月加算
国境警備・理蕃加算	職務をもって日本、満州の国境警備又は理蕃（治安維持）のため危険地域内に勤務したとき＝1ヵ月につき1ヵ月半もしくは2ヵ月加算

『恩給制度史』（総理府恩給局編、大蔵省印刷局、1964年）より作成

航海勤務、艦隊勤務があった。また終戦処理関連では、海外抑留、南西諸島抑留、拘禁（戦犯として海外に拘禁された場合）があった。

主となる戦地戦務による加算は、地域によって一ヵ月勤務ごとに三ヵ月加算の「甲」と二ヵ月加算の「乙」とに区分されていた。南方進攻地域の全域、太平洋やインド洋の島嶼は加算「甲」とされた。朝鮮半島を含む日本領、および満州国での戦務勤務による加算はなかった。ただし、千島列島は昭和十八年五月から、小笠原諸島は十九年二月から、南西諸島は十九年十月から加算「乙」とされ、沖縄本島は二十年四月から六月まで加算「甲」とされた。

交戦期間が長い中国における戦地戦務加算は、興味深い変遷を重ねている。昭和十二年七月から十六年四月までは「甲」とされていた。ところが十六年五月から十七年三月までは、中国戦線は外国擾乱地《じょうらんち》とされ加算「乙」となった。そして十七年四月から二十年九月までは戦地とされたが、同じく加算「乙」となり、復員までは海外抑留一ヵ月につき一ヵ月の加算となった。このように措置が変遷したのは、恩給受給資格者の急増を抑え込もうとしたからだ。

盧溝橋事件が突発すると、その直後の七月十日は歩兵の二年兵の定例除隊日だったが、京都以西の部隊では除隊差し止めとされた。そしてまず華北に急派された師団は朝鮮軍の第二〇師団（京城《けいじょう》・龍山）で、これは昭和十二年七月十一日発令の「臨参命」第五七号によるものだった。この歩兵の主力は、定例除隊を差し止められた昭和十年徴集兵の二年兵で、階級は一等兵もしくは上等兵だった。そして昭和十四年十一月七日に発令された「大陸命」第三八五号と「軍令陸甲」第四〇号によって第二〇師団は復員となって、朝鮮の衛戍地に帰還することとなった。

第二〇師団の昭和十年徴集兵による中国戦線での勤務を例に取ると、恩給に関しては次のようなことになっていた。まず、主力になる二年兵は派遣までに二四ヵ月の実在職年を消化している。そして昭和十二年七月から十四年十一月までの二九ヵ月間には、戦地戦務の加算「甲」で一ヵ月あたり三ヵ月分が加わるから、合計一一六ヵ月となる。これに派遣までの二四カ月の実在職年が加わり、在職年は累計一四〇ヵ月だった。すなわち一一年八ヵ月だから、下士官以下が恩給受給資格を得るにはぎりぎり足らず、あと四ヵ月の実在職年が必要という計算になる。中国の戦地でもう一ヵ月勤務すれば恩給受給資格が得られたわけだから、当局はしっかりと計算していたとしか考えられない。

甲種幹部候補生出身の予備将校の場合は次のようなことになる。予備中尉になるまで、実在職年は少なくとも二年だ。中尉になってから二年九ヵ月の戦地勤務をすれば在職年は一三年となり、恩給受給資格を得る。そこですぐに除隊となったならば、国は概算三四〇円の年金を支払い続け、本人が死亡すれば一一〇円の年金を遺族に支給することになる。これは国家財政からすれば戦慄すべき事態だ。

そこで予備中尉は恩給受給資格が生じる前に除隊させるという不文律を設けて、当局はその確行を求めていた。下士官以下でも同じようなことが行なわれていた（山本七平『一下級将校の見た帝国陸軍』文春文庫、一九八七年）。なんとも貧しい国家の姑息《こそく》な話となるのだが、これによって消耗品扱いで酷使された揚げ句が使い捨ての戦死という最悪の事態は、いくぶんなりとも避けられたとはいえよう。出征したのに恩給もくれないとは問題だが、広く一般には命を持って帰れたから贅沢は言えないといったところだった。

戦争も最終局面を迎えると、戦後における国家財政の破綻なども考慮しなくなる。内地では昭和二十年二月から、満州では同年六月からの「根こそぎ動員」によって、兵役適齢者はもちろん、在郷軍人のほぼすべてが召集された。これまでどうにか抑えてきた恩給受給資格者も、これで急増してしまうと思いきや、当局には冷徹な計算があった。まず「根こそぎ動員」によって生まれた部隊のほとんどは、朝鮮半島を含む内地や満州に展開するが、そこには戦地戦務加算がないから、恩給受給資格者が爆発的に増えることはない。しかも、この動員は昭和二十一（一九四六）年の梅雨期前までのことだと見積もっていたから、軍人恩給の問題をあまり深刻には受け止めていなかった。それ以降はどうなるのかと問えば、「なるようにしかならない」との捨て鉢な姿勢に終始するほかなかっただろう。

明確な解決策がなかった軍人恩給の問題は、どうやって決着が付けられたのか。戦争が終わって昭和二十一年二月に入り、GHQ（連合国軍総司令部）の指示という占領下の日本が従うほかない措置によって、軍人恩給の支給は停止された。なんとも理不尽な仕打ちとはなるが、これは財務当局の苦境を救ったともいえよう。やがて昭和二十六（一九五一）年九月の主権回復の前後から、旧軍人が中心となって軍人恩給の支給再開を求める運動が盛んになり、その組織は有力な圧力団体となった。結局、昭和二十八（一九五三）年八月に軍人恩給の支給が再開された。それ以来、今日までこれに支出された国費は約六〇兆円に達する。

一戦争・一事変ごとに一回行なわれる論功行賞によって生まれてくる金鵄《きんし》勲章受章者に支給される年金も問題となった。日華事変が長期化したため、事変の終結を待たずに昭和十五年四月から授章が始まったが、受章者は一〇万七〇〇〇人にも達した。功一級で一五〇〇円、功七級で一〇〇〇円の年金が付いたが、到底払い切れないということで、昭和十五年四月に一時賜金に切り替えられている。

軍人や戦争遂行に関与した官僚すべてがそうだとは言わないが、少なくとも中央官衙や中央官庁に勤務した人の経済観念は鋭く、無駄を省く能吏の見本といえよう。しかし、その姿勢が極端に走ると狡猾《こうかつ》な吝嗇さに転じてしまう。ただの吝嗇では、大量生産の大量消費を本領とする現代の総力戦は戦えない。

昭和二十五年六月からの朝鮮戦争中の逸話を紹介したい。介入してきた中国軍の人海戦術に対抗して米軍主体の国連軍は砲爆撃による火海戦術を展開した。そのあまりの弾薬使用量に耐え兼ねた米議会は弾薬の節約を強く軍に求めた。すると現地の米第八軍司令官だったジェームズ・ヴァンフリート大将は、「そもそも戦争とは無駄なことではないのかね。弾薬の使用によって米軍将兵の生命が救われるのならば、そんな安上がりなことはないではないか」と発言し、米議会の態度は沈静化したという。このような透徹した戦争哲学を日本人に求めるのは無理なのだろう。

第五章　「特攻」という究極の戦い方

「玉砕」はしても「瓦全《がぜん》」はしないとの気概

どこの国でも見られるヒロイズムの発露

戦前の日本でもだれもが拳拳服膺していたわけではないだろうが、少なくとも自らの意志で陸軍士官学校や海軍兵学校など武窓に進んだ者は、明治十五（一八八二）年一月に発布された『軍人勅諭』の一節、「己が本分の忠節を守り義は山嶽よりも重く死は鴻毛《こうもう》より も軽し」との精神こそが武人の心得だとしていたはずだ。そしてこの一節こそ、さまざまに論じられてきた「特攻」について探る糸口となるだろう。なお、この『軍人勅諭』の一節は、司馬遷《しばせん》の『報任安書』にある「死或重於泰山、或軽於鴻毛」＝「死はあるいは泰山《たいざん》より重く、あるいは鴻毛よりも軽し」が出典だ。このような自己犠牲の精神を具現するよう将兵に求めることは、軍隊という組織では当然のことだ。

この精神を具現した好例として日本でよく取り上げられるのは、日露戦争中の明治三十七（一九〇四）年二月末から五月初旬にかけて行なわれた三次にわたる旅順口《りよじゆんこう》閉塞戦だ。旅順要塞の強力な火力で防護されている港湾の出入り口に突入して、船舶を自沈させて敵艦を封じ込めるというのだから、これこそまさに決死行だ。この作戦に二度も加わり戦死した広瀬武夫《たけお》少佐（大分、海兵一五期、水雷）は軍神と称《たた》えられて、その最期は小学校唱歌ともなった。このときに広瀬少佐と行動をともにして行方不明となった杉野孫七《まごしち》上等兵曹（三重）の長男、杉野修一大佐（三重、海兵四六期、砲術）は太平洋戦争に出征しており、戦艦「長門」の最後の艦長だったから、海軍士官にとって広瀬少佐のことはそれほど古い昔話ではなかった。

これに対して陸軍でよく取り上げられた自己犠牲の戦例は、昭和七（一九三二）年二月の第一次上海《シャンハイ》事変における「肉弾三勇士」となる。上海郊外の廟行鎮《びょうこうちん》にあった堅固な敵陣地を攻撃する際、陣前に設けられた鉄条網を爆破処理して突撃路を啓開することとなり、工兵第一八大隊（久留米）がこれに当たることとなった。このとき、江下武二《えしたたけじ》（佐賀）、北川丞《すすむ》（長崎）、作江伊之助《さくえいのすけ》（長崎）の三人の一等兵は、点火した破壊筒もろとも鉄条網に身を投げて突撃路を啓開すると同時に爆死した。これぞ「犠牲《いけにえ》」をモットーとする工兵魂の発露とされて、死後、三人は二階級特進して伍長に任じられ、広く軍神として報道された。

ところが、工兵科の元締めとなる教育総監部の工兵監部は、この戦闘について冷静な判断を下した。このような状況に際しては、滑車とロープを携行した将校が一人だけで挺進し、滑車をより深い位置に引っかけ、爆破筒の後ろに結んだロープを操作して爆破筒を送り込んでから点火して障害物を処理すべきだった。それなのに兵卒を自爆の危険にさらすとは、技術によって歩兵を支援する工兵の本領に反するという見解だった。そして、世間が「肉弾三勇士」ともてはやすのは嬉しいことにせよ、工兵監部としては工兵第一八大隊に部隊感状を授けることに反対だとし、部隊感状は授与されなかった。

太平洋戦争開戦時に軍令部第一部長だった福留繁は、自著のなかで「全海軍は最初から特攻的決意を以て此《こ》の戦争に臨んだ」（前掲『史観・真珠湾攻撃』）と記している。事実、真珠湾に向かった搭乗員は全員が落下傘を携行しなかった。また、収容時の空母の位置を記入した海図も敵手に落ちることを考慮して、母艦に残していった人がほとんどだったという。日本としては乾坤一擲の開戦の初動、だれもが生還の道を自ら断ち切って真珠湾に向かったわけだ。第一次と第二次攻撃で真珠湾に殺到した日本機は合わせて三四〇機、搭乗員は七四五人だった。そして未帰還機は二九機、戦死・行方不明者は五四人を数えた。僚機が確認した自爆機は一二機にものぼるという。

当初から生還が憂慮されていた甲標的（特殊潜航艇）は五隻だったが、すべて未帰還となった。魚雷を発射するたびに水面から一メートルも飛び跳ねて後進もできない潜航艇が、空襲されている敵の港湾に潜入して無事に帰還できるはずがない。潜航中の潜水艦からの発進や連続潜航時間を延ばすなどの工夫をこらしたが、限界というものがある。生還が望めないので一時は作戦取り止めかとなったのだが、搭乗員など関係者の熱情にほだされた山本五十六長官が涙を呑《の》んで許可したとされ、これまた「山本神話」の一つとなった。

日本軍が示した自己犠牲の戦例を見てきたが、それはなにも日本特有のことではないし、日本がとくに強烈だったというわけでもない。各国それぞれ、その国の歴史や伝統、風土に根差したヒロイズムを戦場で発揮している。それを日本人は、我が国だけの美風のように考えたところに問題があった。

海外の例をあげてみよう。昭和十六（一九四一）年五月末、英軍はドイツ軍の進攻を受けたクレタ島から撤収することとなった。英地中海艦隊の根拠地であるアレクサンドリアからクレタ島までは四〇〇浬あり、クレタ島付近は英軍にとって絶望的な航空劣勢下にあった。そこから二万人近くを乗船させて戻ってくるのだから、大損害が予想される。これでは護衛艦隊もろとも全滅かとの憂色が司令部を覆った。

そこで司令長官のアンドリュー・カニンガムは、「艦船の建造には三年かかる。しかし、傷ついた伝統を立て直すには三〇〇年かかるだろう。だからクレタ島に行くのだ」と檄《げき》を飛ばした。イギリスが伝統とするシーパワーをもって陸上戦力を投射する戦略により、ブリティッシュ・アーミーの進退を保証することは、ロイヤル・ネイビーの伝統的な責務だというわけだ。こうしてクレタ撤収作戦は強行され、英陸軍一万八〇〇〇人が救出された（前掲『海戦　連合軍対ヒトラー』）。

こんな話も、東京湾要塞に勤務していた人たちの間で戦後長らく語られていた。昭和二十（一九四五）年、東京上空で損傷した米軍のB29爆撃機が東京湾口の浦賀水道に不時着水した。今日では防衛大学校が所在する高台を中心に広がっていた東京湾要塞の目の前でのことだ。すると搭乗員がゴムボートに乗り移ったかと思うと、砲台から眺めていた人の頭の上をなにか白い大きなものが通過した。カモメの群かと思えば、白く塗装した米軍の救難飛行艇だった。それが躊躇《ちゅうちょ》することなく着水し、搭乗員を機内に収容すると鮮やかに離水して沖合に消えて行った。あまりの手際のよさにだれもが気を呑まれ、発砲の号令もかからなかった。すこしたって気を取り直すと、だれもが「いやー、たいした度胸の連中だ、声も出なかった」と語り合ったという。

このようにどこの国でも、「戦友のため」「勝利のため」と自己犠牲を厭《いと》わない思潮はごく普通だ。それに対して日本では、特異といえるのが「玉砕」という観念が強く意識されるところだろう。「玉砕」という言葉は、昭和十八（一九四三）年五月にアッツ島守備隊が全滅したときから使われるようになった。全滅や敗北を喫したことを認めたくない、隠したいから「玉砕」と言い換えたのではない。

広く玉砕は「玉のように美しく砕け散る」の意で使われるようだが、本来は「節義を守り、功名を立て、潔く死ぬこと」を意味する。前述した『軍人勅諭』の一節と同義といってよいだろう。そしてその対句が「瓦全」で、その意は「なにもしないで徒《いたずら》に生き長らえること」となる。この出典は『北斉書《ほくせいしょ》』元景安伝《げんけいあん》で、「大丈夫寧可玉砕、不能瓦全」＝「大丈夫はむしろ玉砕すべし、瓦全あたわず＝ひとかどの人物はいたずらに生に執着せず潔く死を選ぶべきだ」とある。

いつまでも苛烈な戦闘が続き、死というものが身近になると、この「玉砕」という意識が表面に浮かび上がってくる。すなわち、どうせ戦死するならば意味があり名誉のある死所を求めようとの心情だ。さらには部下に価値ある死所を与えるのが指揮官の責務だという意識にもなる。

本来、自己犠牲というものはある目的を達成するための手段であるはずだ。ところがいつのまにか、玉砕そのものが目的と化する。こういった目的と手段の混交は、どこの民族にも見られるものだが、言葉に酔いやすい日本民族ではとくに顕著のように思われてならない。そしてこの手段と目的の混交を一歩前に進めると、そこに組織的な「特攻」という戦い方が生まれてくる。

軍人としていたずらに瓦全はしない、決然と玉砕するという気概の具現がいつしか目的となったわけだが、どうしてそのような意識になるのだろうか。それはやはり日本民族の歴史に求めるほかない。この日本はさまざまな自然災害にさらされ続けてきた。台風、地震、津波、火山の噴火と人間の力ではどうしようもない事態に直面し、仕方がないと諦観しなければ精神の安定が得られない。そして人為的な現象であるはずの戦争も、いつしか自然災害のように捉えるようになったようだ。そうした意識は神風特攻隊の創始者と語られている大西瀧治郎中将の辞世の一句「すがすがし　暴風のあとに　月清し」によく現れている。

専用兵器の開発が先行した陸軍の特攻

たとえば太平洋における島嶼の争奪戦に送り込まれた日本軍守備隊は、増援部隊の見込みもないし、撤収の計画もなかったのだから、これは決死隊というほかない。しかし、わずかにしろ生還の可能性はある。米軍はバイパスして素通りする、あるいは日本軍の抵抗に根負けして米軍が撤収するかもしれないからだ。

これに対して「特攻」は、任務達成のとき、それが即「死」となる。ほとんどの国の軍隊では、「戦友を見捨てない」を戦場の道義とし、それこそが統率の柱であり、モラールの維持をもたらすものだとしている。特攻はそれとまったく逆行することだから、大西瀧治郎中将が語ったように、特攻は「統率の外道《げどう》」だということになる。

陸軍が航空特攻に傾きだしたのは、昭和十九（一九四四）年二月末に東條英機首相兼陸相が参謀総長に就任して参謀次長を二人制とし、高級次長に後宮淳《うしろくじゅん》（京都、陸士一七期、歩兵）が就任してからだったとされる。「万年青年」といわれた後宮の持論は、「皇軍の精華は歩兵の突撃にあり」だった。陸軍の航空部隊は、やれ天候が悪い、航空機の故障が多い、部品や資機材の供給が滞るなどといって不満や言い訳ばかり。そこで後宮は彼独特の気迫に満ちた大声を出してそんな弊風を一掃し、歩兵のような旺盛な突撃精神の発揚を航空部隊に強く求めて肉弾精神を強調した。これにはもちろん、後宮と似たような性格の東條もおおいに賛同した。

ところが当時、航空総監兼航空本部長だった安田武雄中将（岡山、陸士二一期、工兵）は、後宮の意見に同調しなかった。安田は員外学生として東京帝大工学部電気学科で三年間履修した学究の徒でもあるから、空虚な観念論を忌避する。陸軍航空の総元締めが安田である限り、後宮の意見が通るはずはない。

そこで東條・後宮ラインは、奥の手の人事によって打開を図った。昭和十九年三月、安田は軍事参議官兼多摩技術研究所長（電波兵器担当）に追いやられた。安田の後任はだれかと思えば、後宮が兼務するというのだから言葉を失う。また、参謀本部の中枢である第二課（作戦課）の航空班を強化するということで、航空本部員の鹿子島《かごしま》隆《たかし》中佐（福岡、陸士四二期、歩兵、航空転科）を班長に起用した。鹿子島は陸大五〇期で恩賜をものにした秀才だったが、陸大在学中に航空に転科した人で、航空の技術には暗かった。こうして陸軍中枢部は、後宮の観念的な積極論に傾く者が主流を占めるようになった。

陸軍での航空機による体当たり戦法についての技術的な細目は、射撃・爆撃器材と化学兵器の研究開発を担当していた第三航空技術研究所（三航研）で詰められることとなった。所長は正木博少将（福岡、陸士三〇期、騎兵、航空転科）だが、彼は騎兵科ながら砲工学校に入り、員外学生となって京都帝大電気工学科に進んだ変わり種だ。三航研では以前から対艦攻撃の研究を進めていた。民間ならではの斬新なアイディアを求めたのか、それとも責任の分散を図るためなのか、三航研は帝大の教授を集め、今でいう有識者会議を組織していた。

当時の帝大教授といえばとてつもない権威のある存在だが、なんと彼らは物理の法則を忘れたのか、それとも軍部におもねるために故意に無視したのか、とんでもない結論を出した。その法則とは、エネルギーというものは質量と速度の二乗の積だという単純なものだ（$K=\frac{1}{2}mv^2$）。この法則に従って威力を効率的に高めるには、より高質量のものをより高速度で衝突させることが求められる。ところが単なる重さだけを問題にした。

昭和十九年の春ごろのこととされるが、三航研と有識者会議が出した結論は、一トン爆弾を搭載したままの五トンの機体を衝突させれば、一機よく一艦をほふることが期待できるというものだった。京都帝大電気工学科で三年間学んだ正木ならば、この結論は間違っていることを知っていたはずだが、それにもかかわらずこれを三航研の結論とした。

サイパン失陥は昭和十九年七月初頭のことだった。東條内閣はこれを内閣改造で乗り切ろうとしたが、重臣らの倒閣工作に遭って同月十八日に総辞職となり、東條は予備役に入った。これに伴い参謀総長は関東軍総司令官の梅津美治郎《よしじろう》（大分、陸士一五期、歩兵）となり、参謀次長も一人制に戻り、後宮大将は軍事参議官に下がった。また、体当たり構想を受け入れていた航空本部教育部長の隈部正美《くまべまさみ》少将（熊本、陸士三〇期、歩兵、航空転科）もマレー方面の第三航空軍参謀長に転出した。

これで中央から体当たり戦法の信奉者が少なくなったと思われたのだが、トップの間で決まった方針はなかなか変えられず惰性で進みがちなものだ。三航研の構想は形になり、立川にあった航空審査部で現用機を体当たり専用機に改装する作業が進められ、早くも八月初旬にはト号機（特攻のト）仕様の九九式双発軽爆撃機（九九双軽）と四式重爆撃機「飛龍」が完成した。

九九双軽のト号機は一トン爆弾を弾倉に縛着し、機首に管状の発火装置を取り付けた。「飛龍」の場合には機内に一トン爆弾二個を前後に並べて縛着し、機首の発火装置で前部の爆弾が炸裂すれば後部のものが誘爆するという恐ろしいものだった。これを見た搭乗員たちは、「爆弾を縛着していなければ死ねないとでも思っているのか」と憤激した。製作側もあまりのこととして、密《ひそ》かに爆弾を投下できるように改装したともいわれる。

他方、海軍においては体当たり決行の気運はかなり早くから醸成され始めていた。昭和十八年四月の山本五十六長官戦死後、南方戦線を視察して歩いた侍従武官の城英《じょう》一郎大佐（熊本、海兵四七期、航空）は、ソロモン、ニューギニアに蝟集《いしゅう》する敵艦船を航空機による肉弾攻撃で一掃する特殊航空隊を編成し、自分が隊長になって先頭に立ちたいと、当時航空本部総務部長だった大西瀧治郎に上申した。ところが大西は、一機で一艦撃沈という効果は望めない、また生還の途を講じないのは海軍の伝統に反するとして、聞き置くという対応に止まった。

折しも、特殊兵器の始祖ともいうべき甲標的の改良が呉工廠の魚雷実験部で進められており、広島県倉橋島の大浦崎と沖合の情島《なさけじま》では試験を兼ねた訓練が進められていた。ここに配置された黒木博司中尉（岐阜、機関学校五一期）と仁科《にしな》関夫少尉（滋賀、海兵七一期、潜水艦）は、大威力の必中兵器を研究していた。まず着目したのは、大量の在庫がある九三式魚雷の活用だ。これを前後二つに切断し、真ん中に操縦席をはめ込んで人間魚雷とすれば、一発必中、炸薬五〇〇キロで大型艦でも轟沈が期待できると考えた。

この設計図を仕上げた二人は、昭和十八年十二月末に海軍省軍務局の第一課（軍事課）を訪れ、設計図を示して早急な開発・生産を求めた。これを受けた第一課長の山本善雄大佐（山形、海兵四七期、航海）は、上申を受け入れつつも、時期尚早として保留とした。昭和十九年二月末、黒木はより詳細な設計図と部隊一同の血書による嘆願書を携えて上京、再度の陳情におよんだ。このころになると中央部も体当たりやむなしとの雰囲気になっており、即刻三基の試作が決定し、早くも七月上旬には試作が終わった。こうして人間魚雷「回天」が登場した（御田重宝《おんだしげたか》『特攻』講談社、一九八八年）。

ちなみに「回天」の意は「衰えた国運を再び起こす」であり、また別な意では「君主の心をよいほうに変える」となる。これは『唐書《とうじょ》』の張玄素《ちょうげんそ》伝「張公論事、有回天之力」＝「張公ことを論じ、回天の力あり」が出典だ。なお、黒木大尉は昭和十九年九月に試験中に殉職し、仁科中尉は同年十一月、回天に搭乗してウルシー環礁の敵泊地に突入し戦死している。

昭和十九年度に入った四月、軍令部は海軍省に九種類の特殊兵器の緊急実験を要請した。このうち実戦に投入されたのは、船外機付衝撃艇の「震洋《しんよう》」、人間魚雷「回天」の二つだった。このような特攻兵器の開発と生産を管理するため、昭和十九年九月には海軍省の外局として特攻部が設けられた。これで海軍は引き返せない道に踏みだした。こうした方針が確定してからも、体当たりの新兵器の提案が相次いだ。

昭和十八年九月、ドイツ空軍は有翼・ロケット推進・無線誘導の対艦船用爆弾フリッツXをもって、枢軸国から脱落したイタリアの戦艦ローマを撃沈、英戦艦ウォースパイトを撃破した。これを知った日本の陸軍と海軍はともに誘導爆弾の研究を進めた。ところがこの兵器のキーとなる無線による誘導のところで壁に突き当たってしまった。

そんなところに、厚木基地にある第一〇八一航空隊（輸送機部隊）の偵察員だった大田正一《しょういち》少尉（山口、偵察練習生二〇期）が有翼・ロケット推進爆弾を考案し、上司を通じて航空技術廠に上申した。横須賀の航空技術廠に呼び出された大田少尉は、「どうやって誘導するのか」との質問に、「人間が乗ります。自分が行きます」と答えて一同の度肝を抜いた。こういった気迫の演技は、日本では大きな効果をあげる。

それからはスラスラと事が運び、なんとプロジェクトの秘匿名称は大田の一字をとって㊅とされた。そして昭和十九年十月末に初飛行となり、「桜花」として制式採用された。この急ピッチな開発ぶりを見ると、航空本部や航空技術廠などでは以前から人間爆弾の構想があり、そこに部隊のなかから声があがったことを奇貨とし、製作に踏み切ったのだろう。

広く認知された体当たり戦法

建制を保った部隊か、殉国同志の集団か

昭和十九年に入ってからは、米軍との戦力格差は広がる一方となり、尋常一様な手段ではとても退勢を挽回《ばんかい》できないことは全軍の共通認識になっていた。そこで体当たり戦法となるのだが、それを組織的かつ継続的に行なうとなると、なかなか踏ん切りが付かない。なぜ躊躇するかといえば、自分にはできないことを他人に命令してよいものかという倫理的な問題が根底にあるからだ。

陸軍中央部での会議の席上、体当たりを強調してやまない参謀次長兼航空総監の後宮淳大将をあてこすり、「体当たりは大将からしてもらわなければ」と口にした人がおり、爆笑と失笑が沸き上がったという。また部隊では、将官、佐官、それから尉官の順に突っ込むのだろうとも語られていた。「俺が体当たりするときは、その作戦を立案した幕僚に同乗してもらう」と言う人もおり、さらに過激な人になると「俺に体当たりを命じておきながら、自分は行かないという隊長がいれば叩っ切ってやる」と息巻いていたそうだ。

特攻隊は命令によって編成されたものにするのか、それとも志願者のなかから指名された者によって編成されるものかという大きな問題がある。当時の陸軍と海軍の共通認識は次のようなものだった。陸士・海兵の出身者はもちろんのこと、甲幹・乙幹や予備学生、飛行予科練習生（予科練）や少年飛行兵を志願した者は、平素から憂国の士と自負しており、第一線に立てば殉国の覚悟を固めているはずだ。救国の士を求めれば全員が志願するだろうから、それならば指名でこと足りるという論理の運びとなった。

任務達成の瞬間がすなわち戦死となる特攻を、志願によるものか、命令によるものか、明確にしないまま実行に踏み切った背景には、航空戦の実相があまりにも苛烈だったことがある。とくに厳しかったのは雷撃だった。猛烈な対空火網のなかを超低空で突進し、魚雷を発射してから目標の直上を飛び越えて退避、もしくは急旋回して目標の舷側すれすれを航過する。奇襲が成功した真珠湾攻撃でも、雷撃機四〇機が出撃したが、五機が未帰還となった。やがて米軍と四つに組むようになると、四機で雷撃すれば一機は未帰還となると覚悟しなければならなくなった。

そしてついには、米軍と四つに組んでの航空戦それ自体が許されなくなった。昭和十九年六月、中部太平洋での決戦となる「ア号」作戦によるマリアナ沖海戦では、日本軍は米軍の戦闘機にあしらわれ、三八六機が出撃して三一七機が未帰還という大損害を被った。これに対する米軍の損害は戦闘機三〇機損失、戦艦一隻小破という結果だった。ここまで惨めな結果になると、搭乗員にとって戦死は運の問題ではなくなり、順番の問題となる。そういう意識が支配するなかで特攻は命令によるものか、志願によるものかを論議してもさほど意味あることではない。

そこまで追い詰められても軍中央は特攻を行なうことに逡巡があったというのは、多少なりとも救いがある。もはや採りうる戦法は組織的な体当たりしかないとしながらも、伝統や倫理からなかなか踏ん切れなかったのだろう。そうしているうちに、特攻に向けた動きを後押しするような戦闘が起きた。

昭和十九年五月末、米軍は西部ニューギニアのビアク島に来攻した。これに対してニューギニア西端のソロンにあった陸軍の飛行第五戦隊長の高田勝重少佐（高知、陸士四六期、航空）は独断で、爆装した二式複座戦闘機「屠龍《とりゅう》」四機をもって出撃した。一番機は高田が操縦したが、戦隊長自ら出撃することは珍しい。一番機の同乗員は機体から振り落とされて生還するなど、どのような戦闘が展開されたかは判然としていないが、全機未帰還との結果になった。南方軍はこれを大きく取り上げ、「駆逐艦二隻撃沈、同二隻撃破」と発表し、飛行第五戦隊に部隊感状を授与した。陸軍はこれを特攻の「魁《さきがけ》」としている。

次は海軍の番だ。昭和十九年十月の台湾沖航空戦では、マニラ付近にあった第二六航空戦隊も陸軍の第四航空軍と協力して、米機動部隊を攻撃することとなった。第二六航空戦隊の司令官は、有馬正文少将（鹿児島、海兵四三期、砲術）だった。老練な搭乗員が少なくなった実情を知る有馬は、これからは年寄りが先頭に立たなければと語っていた。そして言行一致、十月十五日に周囲が引き留めるなか、自ら階級章を切り取り、双眼鏡にエナメルで記してあった司令官の文字を削り取り、一式陸上攻撃機の一番機に乗り込み、機上から全軍突撃を下令して敵空母群に肉薄して自爆したという。海軍ではこの有馬の壮挙を特攻の始まりとしている。

また一つの契機は、戦線の西端となるベンガル湾のカーニコバル島で起きた。昭和十九年十月十九日、英艦隊がカーニコバル島を取り囲んで艦砲射撃を開始し、すぐにも上陸するかと思われた。そこへスマトラのメダンを発進した第九飛行師団の一式戦闘機「隼《はやぶさ》」九機が飛来、空中戦が始まった。そして第三編隊の一番機が被弾して帰還不能と判断するや、敵艦に体当たりし、僚機二機もこれに続いて敵艦に突入した。この戦果の詳細は不明だが、この一撃で英艦隊は島の包囲を解いて退散したのだから、作戦目的は十二分に達成したことになる。

この戦闘の特異さは、戦闘の一部始終を海軍の監視哨が注視していたことだ。陸軍の戦闘機が肉弾となってカーニコバル島の危機を救ってくれたと海軍が報告したのだから、陸軍は一気に盛り上がった。しかも第三編隊の一番機に搭乗していた阿部信弘中尉（石川、陸士五六期、砲兵、航空転科）が敵艦に突っ込むと、無傷の二番機の寺沢一夫曹長（東京、操縦八七期）と三番機の中山紀正軍曹（宮城、少飛一〇期）もためらうことなく体当たりを敢行した。この編隊の団結は驚嘆すべきものだった。そして阿部は、当時朝鮮総督だった阿部信行大将（石川、陸士九期、砲兵）の次男だったことも大きな話題となった。

レイテ湾突入のための奇策

米艦隊がレイテ湾に大挙して進入し始めたのは、昭和十九年十月十七日のことだった。そこでフィリピン正面での決戦を指導する「捷一号」作戦が発動され、レイテ決戦ということになった。

海軍の決戦構想は、日本内海から南下する第三艦隊（空母機動部隊）が囮《おとり》となって米機動部隊を吊《つ》り上げ、その間隙を衝いて戦艦七隻を基幹とする第二艦隊がレイテ湾に突入し、米上陸船団を殲滅するというものだった。同年十月末、軍需省航空兵器総局総務局長からフィリピンの第一航空艦隊司令長官に転出した大西瀧治郎は、日本艦隊のレイテ湾突入はむずかしいと判断していたようだ。どうすれば突入できるか研究した結果、導きだされた答えが航空機による体当たりだった。

捕捉した米空母をたとえ撃沈できなくとも、せめて空母の命ともいうべき搭載機を上げ下げするリフトを損傷させ、一週間ほど空母としての機能を停止させれば、第二艦隊のレイテ湾突入にも成功の目が出るということだった。しかし、リフトの開口部に爆弾をもぐり込ませることができるほどの練達した艦上爆撃機の搭乗員はごく少なくなっていた。それでもほかに手段はある。「ア号」作戦時から投入された二五〇キロ爆弾を懸吊《けんちょう》した零式艦上戦闘機、いわゆる「爆戦」の使用だ。軽快な動きを活《い》かしてリフト付近に体当たりすれば、所望の効果は得られるはずとなった。

マニラに入った大西は、まず第二〇一航空隊司令の山本栄大佐（福岡、海兵四六期、航空）と会ったが、山本は負傷していたこともあり、一切を副長の玉井浅一《あさいち》中佐（愛媛、海兵五二期、航空）にまかせるということになった。十月十九日にマニラ北方のクラーク・フィールド航空基地群内にあるマバラカット基地の第二〇一航空隊に着いた大西は、玉井と会って体当たり部隊の編成について打診をした。すると玉井は、「自分に一切まかせてくださぃ」と申しでた。玉井としては、戦況からしてそうするしかないと覚悟していただろうし、また彼には体当たり部隊を編成できる自信があった。

愛媛県の松山基地で第二六三航空隊司令を務めていた玉井は、甲種飛行予科練習生（甲飛）一〇期生の教育に当たっていた。彼は人を殴ることや大声を出すこともない温厚な人で、甲飛一〇期生の信望を集めていた。当時、第二〇一航空隊には甲飛一〇期生が二十数人在隊していたが、玉井から「頼む」と言われれば、皆が一も二もなく「承知いたしました」と答える。そうしたうえで彼は下士官兵の搭乗員に対して、体当たりを志願する者は氏名を自署し、そうでない者は白紙を提出するよう求め、これをもって特攻隊は志願によるものとした。負傷していて空中勤務が無理な二人のほかは、全員志願という結果だったという。

では、准士官以上についてはどのようにしていたのか。基本的な考え方としては、准士官以上は任官したときから国難に殉じる覚悟を固めているのだから、改めて決意を問うような失礼なことはできず、指名するだけということにした。筋の通ったことのように思えるが、実は海軍には打算的で冷酷なところがあった。技量が優れている者は温存し、そうでない者から死地に送る例が目立つからだ。最初の特攻隊でまず選ばれた三人の士官は、学徒出陣組の予備学生出身だった。

そして海軍特有の伝統を重んじるスタイリスト的な一面が現れる。この歴史的な壮挙の先頭には、海兵出身の兵科士官が立つべきだという伝統的な美学だ。そこで選ばれたのが艦上爆撃機から戦闘機に転じ、台南航空隊から転属してきたばかりの関行男大尉（愛媛、海兵七〇期、航空）だった。同郷の玉井副長が頼み込み、関も納得し、ここでも名目上は志願という形になった。そしてこれは殉国同志による攻撃だから神風《しんぷう》特別攻撃隊とされ、隊号は広く知られているように、本居宣長《もとおりのりなが》の「敷島の　大和心を人問はば　朝日に匂ふ山桜花」から取られて敷島隊、大和隊、朝日隊、山桜隊と命名されることとなった（猪口《いのぐち》力平、中島正『神風特別攻撃隊の記録』雪華社、一九六三年）。

操縦と推進の装置を取り付けた爆弾ならば、糸を引くように目標に向かって命中するはずだし、それが特攻のコンセプトだ。しかし、その中枢機能を最後まで搭乗員が担うにしても、航空戦の幅広い裾野を固めてからでなければ、せっかくの殉国の大義と戦果とが結び付かない。全体を俯瞰《ふかん》する目を持たず、ただ浮き足立ってなんの準備もせずにただスローガンに酔うばかり、これは日本民族の悪癖のように思われてならない。

まず、航空戦では目標を捕捉すること自体がむずかしい。フィリピン東方で戦域となるのは、東西三〇〇浬、南北五五〇浬にわたる海域だ。そこを高速で遊弋《ゆうよく》する米機動部隊を発見することは至難の業だ。さらに巧妙にも米艦隊は、低気圧の背後に隠れて接近してくる場合が多く、いよいよ航空偵察をむずかしくしていた。関行男大尉が指揮する敷島隊は、五回目の出撃でようやく敵艦を捕捉して突入している。無線傍受による位置標定、あるいは潜水艦や航空機による哨戒網の展開といった方法で周辺を固めなければ、航空機の体当たりもままならないのが現実だ。

昭和十九年は日本の軍需生産のピークとなり、航空機は二万八〇〇〇機が生産された。日本としては最善を尽くした生産量だったが粗製乱造に陥りがちで、さらに整備や補給の態勢に問題があり、すべてが効率的に戦力化されることはなかった。

当時の技術水準では、完成したエンジンを一〇〇時間ほど動かすと不可避な初期故障を起こすので、これを修理して部品交換を行なってから送りだすのを理想としていた。ところが第一線からの要求が急で、そのような手間をかける時間がなく、とにかく急いで送りださざるを得ない。すると中継基地でエンジン不調が生じるが、それを整備する要員も交換部品もそろっていないので足止めとなる。無理をすれば途中で墜落しかねない。さらに前方基地に到着しても整備態勢が整っておらず、また急造の滑走路のため離着陸時の事故が頻発する。こうして稼働機は減少の一途をたどる。

具体的な体当たりの戦法は、陸海軍ともに二つあった。一つは超低高度で接敵する戦法だ。海面すれすれの高度一〇～一五メートルで接近し、目標を確実に捕捉したならば高度四〇〇～五〇〇メートルにホップ・アップしてから急降下で目標に突入する。雷撃時の退避要領を応用したものだ。また一つは高高度から突撃する戦法だ。高度五〇〇〇～七〇〇〇メートルで索敵し、目標が定まれば二〇度で緩降下し、高度一〇〇〇～二〇〇〇メートルから四五～五五度の急降下で目標に突入する。一般の急降下爆撃と同じ要領だ。

実はこの突入の態勢になるまでが大変だった。まず、戦闘空中哨戒（ＣＡＰ）を行なっている敵戦闘機の迎撃網を突破しなければならない。マリアナ沖海戦では、日本の攻撃部隊のほぼすべてはこのＣＡＰ網で阻止された。続いて濃密な対空火網の突破だ。レイテ沖海戦時、最強とされた米第三八機動部隊の第一機動群は、正規空母三隻、軽空母二隻を重巡洋艦四隻、防空巡洋艦二隻、駆逐艦一四隻で掩護していた。正規空母一隻の個艦対空火網は、五インチ砲一二門、四〇ミリ機関砲六八門、二〇ミリ機関砲一〇〇門が基準だった。

このようにまず敵戦闘機の迎撃をかわし、対空火網をかいくぐって急降下もしくは緩降下で体当たりできるまで接近するとなると、飛行時間が一〇〇時間にも満たない搭乗員ではまず無理で、相当な経験を積んだベテランを投入しなければならない。ひとたび体当たりできるまで接近したならば、投下した爆弾や魚雷はほぼ必ず命中する。そんなベテランをただ一回の攻撃で損耗させてしまうのは、どうにも理に適《かな》わない。その腕を活かして何度でも正攻法を反復するのが当然だろう。

このような常識的なことを、草創期から一貫して航空畑を歩いてきた大西瀧治郎が理解していなかったはずはない。彼が当初語っていたように、本来は第二艦隊のレイテ突入を成功させるための非常手段だったのならば、第二艦隊のレイテ突入が失敗してからも特攻を反復した理由はなんだったのか。海軍関係者の一部で長らく語り継がれていたことがある。それによると大西の真意は、戦況がここまで逼迫《ひっぱく》していることを行動によって示し、それが上聞に達することで戦争指導の抜本的な転換が図られ、和平へ大きく舵が切られることを期待したからだといわれるのだが、さていかがなものだろうか。

ドイツの突撃機、日本の制空隊機

胸甲騎兵の再現をという発想

日本が組織的な「特攻」を始めるかなり前のことだが、昭和十八年夏ごろ、ドイツは連合軍の戦略爆撃に危機感を募らせていた。この年の八月、ドイツ内陸部のレーゲンスブルクの航空機工場およびシュヴァインフルトのボールベアリング工場が米第八航空軍による昼間精密爆撃にさらされ、大損害を被った。この事態をどうにかしないことには、早晩ドイツの継戦能力そのものが干上がってしまうと考えられていた。

連合軍の爆撃機部隊をどうやって撃破するか、ドイツではさまざまなプランが提示された。そのなかの一つが、日本軍が南方戦線でしばしば敢行した体当たりを見習おうという動きだった。日本軍が公式に認定した体当たりによる初の大型爆撃機の撃墜は、昭和十八年五月八日にニューギニアのマダンへ向かう船団を護衛していた飛行第一一戦隊の一式戦闘機「隼」に搭乗した小田忠夫軍曹によるものだった。

体当たりの目標を敵の先導機に定め、これを撃破し続ければ敵の最強のクルーを失わせることになり、爆撃の精度は低下し、部隊の士気も沈滞するはずだとされた。ここでドイツ空軍中央部、とくに戦闘機総監のアドルフ・ガーラント中将はむずかしい選択を迫られた。彼は日本民族の信念や伝統、ヒロイズムの発揚には賛嘆するにしても、キリスト教徒としてそういった自己犠牲を安易に受け入れられるものではないと考えた。そうは言っても熱烈な体当たり論者の意見を無視するわけにもいかない。

そこで、体当たりをしてでも敵爆撃機を撃墜するとの気概を尊重しようという結論になった。徹底的に目標に接近して必殺の一撃を加え、そしてその際に機体や武装が損傷したならば体当たりをする。搭乗員は落下傘で脱出すれば、本土上空なのだから人員の損失を局限化することができる。この構想のもとに突撃戦闘機隊（シュトルム・グルッペ）が編成されることとなった（アドルフ・ガーラント『始まりと終り　栄光のドイツ空軍』フジ出版社、一九七二年）。

米爆撃機が発揮する濃密な防御火力をかいくぐって突進して行く突撃戦闘機隊のため、特別仕様のＦＷ（フォッケウルフ）１９０が準備された。そもそもＦＷ１９０の装甲防護力には定評があった。操縦席は八ミリ厚の鋼板のバケットシートで、搭乗員の頭部保護に一二ミリ厚の鋼板、風防正面は五〇ミリ厚の防弾ガラスが用いられていた。これをさらに重装甲化した。まず、操縦席の前部から両側面を五ミリ厚の鋼板で取り囲み、前面上部に四ミリ厚の鋼板を取り付けた。また、風防の両側面を三〇ミリ厚の防弾ガラスとした。なお、米軍の一二・七ミリ弾は弾着〇度、射距離一〇〇〇メートルで鋼板一四ミリまで侵徹する威力を有していた。

一撃必殺を追求して武装も強化された。FW190の基本武装は、機首上部に一三ミリ機関銃二挺《ちょう》、翼に二〇ミリ機関砲四門というものだった。これが突撃戦闘機の仕様になると、翼外側の二〇ミリ機関砲が装甲防護を施した三〇ミリ機関砲に換装された。これらの改装によって一八〇キロほど機体が重くなり、操縦性や上昇速度が低下したが、致命的なものではなかった。これが突撃機（シュトルム・ボック）と呼ばれるものだ。まさに往時戦場の華とされた胸甲騎兵の再来ということになる。

この突撃戦闘機隊の一員となるには、「敵爆撃機に遭遇すれば、いかなる場合でも最短距離から攻撃し、射撃できない場合には一身を賭して敵機を撃破することを宣誓する」との書類にサインが求められた。志願を強制されることもなく、卓越した空戦能力を有する者が志願しなくとも、あれこれ言われることもないどころか、そういう人が援護部隊に回るとむしろ歓迎された。

突撃戦闘機隊の基本的な戦法は、中隊長機を先頭とする楔型《くさびがた》の隊形を維持して突進し、中隊長の指示によって射撃を始めながら、おおむね一〇〇メートルまで敵機に接近するというものだった。ここまで接近すれば、弾道性能が劣る三〇ミリ機関砲の命中率は飛躍的に向上し、三三〇グラムの三〇ミリ炸裂弾を三発命中させれば、ほぼ確実に連合軍の爆撃機を撃墜できたという。被弾して機体が損傷するなどして射撃できなくなったならば、シュトルム・グルッペの本領発揮、体当たりとなるのだが、そういう場面は滅多に起こらなかったとされる。

装備する機関砲は、二〇ミリがマウザーのMG151、三〇ミリがラインメタルのMK108で、いずれも世界の最高峰のブランド品だ。本土防空戦だから、基地、整備、補給、誘導などの態勢も整っている。装甲も十分に効果的だった。この突撃戦闘機隊の隊員の回想によれば、戦争だから絶対の安全というものはないが、大空での突撃は歩兵の突撃ほど危険なものではないということだった（アルフレッド・プライス『第二次世界大戦空戦録7 ドイツ最強戦闘機フォッケウルフFW190』土屋哲朗、光藤亘訳、講談社、一九八四年）。

計画では、ドイツ空軍は昭和十九年九月までに、本土防空に当たっている航空団九個それぞれに突撃戦闘機隊一個を配備することになっていた。ところが昭和十九年に入ると、連合軍は航続距離が長いP51戦闘機の配備を進め、ドイツ本土のほぼ全域で爆撃機部隊を掩護する態勢を整えたため、突撃戦闘機隊の運用がむずかしくなった。そして同年六月初旬、連合軍はノルマンディーに上陸し、ドイツ軍は一切の努力をこの正面に傾注しなければばならなくなった。これがシュトルム・グルッペの終焉《しゅうえん》を告げるものとなった。

肉薄一本槍《いっぽんやり》の迎撃機

常に情報劣勢下で戦わなければならなかった日本だったが、B29爆撃機についてはかなり早くからその全貌をつかんでいた。情報源は主に外国メディアの報道に頼っていたのだが、その判明したなかの一項目、実用上昇限度が四万フィート超（一万二五〇〇メートル）だというデータだけでも、防空関係者の気を滅入《めい》らせるのに十分だった。

当時、陸軍の実用機では一〇〇式司令部偵察機（新司偵）の実用上昇限度が一万一五〇〇メートル、海軍では局地戦闘機「紫電」が一万二〇〇〇メートルで、これがそれぞれ最大だった。戦闘機の実用上昇限度は一万メートルを超えてはいたが、高度を維持するだけで精一杯で、編隊を組んでの戦闘は高度一万メートルが限界とされていた。また、最大の一二センチ高射砲の対空射程は一万四〇〇〇メートルだったから、これまたB29爆撃機には手が届かない。これらの冷厳とした事実を知っていた者たちは、B29に関しては最初から匙《さじ》を投げていたのが本当のところだった。

昭和十九年十一月一日、サイパンを発進したB29爆撃機の偵察機型F13一機が快晴の関東地方上空に進入、三時間にわたり写真偵察を行なった。たまたま在空していた調布基地の第一七司令部偵察中隊に所属する新司偵二機が追いすがったが、振り切られてしまった。帝都上空に侵入した敵機はなにがなんでも叩き落として出端《でばな》を挫《くじ》くことが肝要、写真などを持ち帰らせるなと強調されていたから、各方面がいきり立った。

そこでその日のうちに、大本営、防衛総司令部、東部軍の航空関係者と帝都防空に責任を持つ第一〇飛行師団の指揮官や幕僚が調布基地に集まり、追尾した新司偵の搭乗員に話を聞くこととなった。ところが新司偵の搭乗員は、敵機を取り逃がしたことについての査問会と受け止めたようで、話の要領を得ない。それに苛立った大本営の中佐参謀が、「なぜ体当たりをしなかったのか」と詰め寄った。

この一連の経緯は第一〇飛行師団の後方参謀だった山本茂男少佐（大阪、陸士四九期、航空）の回想によるものだが、なにか差し障りがあるようで、聞き取りのなかで詰め寄ったという大本営の中佐参謀だけがA中佐となっており、本名を記していない。しかし、本名と職務はすぐにわかる。前述したように参謀次長の後宮淳に賛同して特攻を推進した、参謀本部第二課航空班長の鹿子島隆中佐だ。

F13偵察機による関東地方への写真偵察は、十一月五日に一機、七日に二機と続いた。

第一〇飛行師団は警戒機を在空させていたが、どちらも取り逃がしてしまった。これで各方面から非難の声が、近衛戦闘飛行師団とされていた第一〇飛行師団に向けられた。本来ならば理由はただ一言、「高度一万メートル以上で戦闘できる飛行機がありません」で済むはずだが、それを口にすれば「機材のせいにして責任逃れをするとは何事だ、帝都防空をなんと心得る」と激高し出すのが日本の精神風土だ。

こうして早くも十一月七日、第一〇飛行師団長心得の吉田喜八郎少将（東京、陸士二九期、騎兵、航空転科）は、B29爆撃機に対する体当たり攻撃を決心せざるを得なくなった。飛行師団の各戦隊は、それぞれ四機からなる特別攻撃隊を編成し、高高度で来襲する敵機に体当たり攻撃を加える、特攻隊員は原則、独身者とするなどが決まった。なお、体当たり後も生還の可能性があるから、落下傘は携行することとした。そして東部の第一〇飛行師団と中部の第一一飛行師団で編成されたものは「震天制空隊」、西部の第一二飛行師団で編成されたものは「回天制空隊」と命名された（山本茂男「帝都防空作戦記録」『B29対陸軍戦闘機隊　本土上空戦』所載、今日の話題社、一九七三年）。

よく日本軍とドイツ軍とは似ていると語られるが、根本的なところに大きな違いがあることをこの敵爆撃機に対する戦い方が示している。ドイツ軍の場合、連合軍爆撃機の跳《ちょう》梁《りょう》に対する歯痒《はがゆ》い思いに耐えかねた第一線の搭乗員の間から、自発的に体当たりの気運が高まり、それを受けた中央部は倫理的観点からも冷静に検討を重ねた。一方で日本の場合は、帝都上空に侵入した米軍機を捕捉できなかったことに興奮した中堅幕僚の意向のままに、熟議を重ねることなく体当たりが既定路線となった。中央が全体を見渡して、具体的にどうするかを検討して準備を進めるべきなのだが、すべてを現場に丸投げしてあとは「よきに計らえ」で済ますのが日本軍の実態だった。

前述したように、ドイツ軍は体当たりできる距離まで接近するために、装甲防護力を強化し、一撃必殺を期して搭載武器も強力なものとした。ところが日本は、戦闘機の高空性能を高めるために、装甲板、場合によっては武装の一部や無線機まで取り外して軽量化を図り、さらには機体の塗装をはがして磨いていた。こうして体当たりだけしか手段がないと自分で自分を追い込んでしまった。ドイツ軍では甲冑《かっちゅう》で身を固めた騎士を大空に送った。日本では身一つで敵機に追いすがった。倭寇さながらの姿ということになろうが、過去に経験していないことは、急には実行できないということなのだろう。

首都東京の防空をむずかしくしたのは、宮城《きゅうじょう》に対する投弾は絶対に阻止する、上空通過も許さないという至上命令だった。B29爆撃機による爆撃は、高度が一万メートル、機速が毎時五〇〇キロ、大型の通常爆弾による水平爆撃と想定された。この条件で投弾すると、爆弾は四五秒後に地表面に達する。爆弾には投下機の速度が加わるから、着弾点は投下点の直下から機体の進行方向に六・三キロ先となる。

これに風の影響が加わる。冬の関東地方上空は、卓越偏西風によるジェット・ストリームが吹き荒れ、その風速は毎時二五〇キロにも達し、これが追い風になると爆弾は三キロも流される。このようなことだから、帝都防空部隊は宮城まで六・三キロから九・三キロの空域に関心を持ち続けなければならない。

マリアナ諸島を発進した爆撃機は、富士山を目標に日本本土に接近する。東京爆撃に向かう場合は富士山を回り込み、立川から東中野まで東西に直線で延びる中央線沿いに東進すると想定される。宮城への投弾を許さないとなれば、中野〜下北沢、阿佐ヶ谷〜下高井戸に挟まれた空域に進入させてはならない。関東地方に空襲警報が発令されれば、なにをおいてもこの空域に防空戦闘機を張り付けることになる。しかも機位を維持するだけでも精一杯の高度一万メートルなのだから、防空部隊にとって大変な負担だ。

東京に向けての戦略爆撃は、昭和十九年十一月二十四日から始まるが、当初の目標は荻窪付近にあった中島飛行機武蔵《むさし》工場だった。日本の航空機用エンジンの三割はここで生産されていた。この最初の爆撃のとき、震天制空隊はＢ29爆撃機二機を撃墜した。一機は成《なり》増《ます》基地にある飛行第四七戦隊（二式単戦「鍾馗《しょうき》」）の見田義雄伍長（少飛一二期）機があげた戦果で、これが震天制空隊の最初の体当たりとされ、見田は戦死した。また、調布基地にある第一七司令部偵察中隊の伊勢主邦中尉と福田成弥兵長が搭乗する新司偵は、Ｂ29を八丈島付近まで追跡し、体当たりしてこれを撃墜、搭乗のペアは戦死した（表10参照）。

続いて十二月三日、米軍は再び武蔵工場を爆撃した。これに対して迎撃に向かった松戸基地の飛行第五三戦隊（二式複戦「屠龍」）の澤本政美軍曹機が、千葉上空でＢ29爆撃機に体当たりして撃墜、澤本軍曹は戦死した。

またこの日、調布基地の飛行第二四四戦隊（三式戦「飛燕」）では、四宮徹《しのみやとおる》中尉（熊本、陸士五六期、航空）が東京上空で体当たりして敵機を撃墜、片翼の機体を操って調布に帰投した。ちなみに四宮中尉は昭和二十年四月に沖縄特攻で戦死している。板垣政雄伍長機も体当たりして敵機を撃墜、落下傘で降下して生還した。さらに中野松美伍長機も体当たりを成功させて敵機を撃墜、胴体着陸で生還している（小林照彦「飛燕震天制空隊」前掲『Ｂ29対陸軍戦闘隊』所載）。

十二月二十七日の空襲では、飛行第二四四戦隊の吉田竹雄軍曹機と飛行第五三戦隊の渡

表10　帝都防空部隊（昭和19年11月）

◇第10飛行師団　司令部　麹町区代官町

部　　隊	基地	装備機種	出動可能機（夜戦可能機）
独立飛行第17中隊	調布	100式司偵	12機（不明）
飛行第244戦隊	調布	3式戦「飛燕」	40機（15機）
飛行第47戦隊	成増	2式戦「鍾馗」	30機（10機）
飛行第53戦隊	松戸	2式複戦「屠龍」	25機（12機）
飛行第23戦隊	印旛	1式戦「隼」	12機（4機）
飛行第18戦隊残置隊	柏	3式戦「飛燕」	12機（0機）
飛行第70戦隊残置隊	柏	2式戦「鍾馗」	若干

◇第302航空隊　本部　厚木

機　種	総数	使用可能機	整備・修理中
雷　電	40機	10機	30機
零　戦	38機	27機	11機
月　光	24機	15機	9機
銀　河	3機	2機	1機
彗　星	20機	6機	14機
99艦爆	4機	2機	2機
極　光	1機	0機	1機

戦史叢書『本土防空作戦』より作成

辺泰男少尉（幹候）機が東京湾上空でＢ29に体当たりして撃墜し、二人は戦死した。とくに吉田軍曹機の体当たりの一部始終は写真に撮られて報道されている。

帝都防空を終始リードしたのは飛行第二四四戦隊だった。調布基地に配置されていた地の利と、高空性能が優れた「飛燕」を装備していたことなどが活躍の背景だが、なにより全軍で最年少の戦隊長だった小林照彦少佐（広島、陸士五三期、砲兵、航空転科）の率先垂範の姿勢こそが大戦果をもたらした。小林少佐は調布での最初の戦闘で撃墜されたが、落下傘降下して調布に戻り、すぐさま予備機で戦闘を続けたという猛者だった。そして昭和二十年一月二十七日と四月十二日の二回、Ｂ29爆撃機に体当たりしてこれを撃墜、落下傘で生還している。ちなみに小林は戦後、航空自衛隊に入隊したが、昭和三十二（一九五七）年六月に浜松基地で航空事故に遭って殉職している。

日本軍は本土防空戦で相当な戦果を収め、Ｂ29搭乗員の間では士気阻喪の傾向が見られた。加えて冬季の卓越偏西風があまりに猛烈で、爆撃の精度が保てないという事情もあった。そこで米第二一爆撃兵団は、作戦を高高度からの大型爆弾による昼間爆撃から、焼夷弾による低空夜間爆撃に転換した。

新戦法は、先導機が投下する焼夷弾の火炎で目標地域を標示し、そこへ高度一六〇〇メートルから一八〇〇メートルでB29爆撃機が編隊を組まずに進入して集束焼夷弾を投弾し、木造家屋が主体の市街地を焼き払うというものだった。この作戦の始まりが、今日なお語り継がれている昭和二十年三月十日の東京大空襲だ。日本軍には、夜間戦闘が可能な機体と搭乗員が限られていたので、この夜間爆撃は低空であってもなかなか対処できなかった。

「一億特攻」「一億玉砕」から「七生尽忠」「七生報国」へ

「生きようとする意思」と「死のうとする意思」との衝突

日本軍が特攻に踏み切るとすぐに、深刻な問題が生じた。会敵できなかったり、機体の故障や天候不良などで特攻機が帰還してくることは珍しくない。その搭乗員の心の糸はすでに切れているだろう。安全な立場にいる者が、それに再度の特攻出撃命令を下してよいものかという倫理的な問題が再浮上してきた。こうした事態を当初から憂慮していた部隊では、二度目の出撃はさせないとしていた。しかししだいに、戦力不足から「行ってくれるか」という形で二度、三度と出撃を求めるケースも多くなった。

そして特攻機の帰還は、日本ならではの問題を引き起こした。特攻機が不時着したりすると、搭乗員が生存していることの連絡が遅れ、中央では特攻による戦死と認定し、二階級特進が決まりとなり、戦功は上奏されて嘉尚《かしょう》の言葉を賜る。それが終わったところに、本人生還の一報が入ることになる。二階級特進はどうにかなるが、あれは間違いでしたとは上奏できないのが当時の日本だ。そこで特攻は成功したということにするため、再度の出撃命令という非情なことがまかり通るようになってしまった。

一方、体当たり攻撃を受けた米軍は、自分たちとはまったく逆の考え方だとはしつつも、日本軍の堅固な意思には、畏敬と恐怖が入り交じった複雑な感情を抱いたことだろう。そして具体的にどう対処するかだが、米軍は「学びつつ戦う、戦いつつ学ぶ軍隊」の本領を発揮した。実際に体当たりされた艦艇の被害を分析すると、もちろん船体に食い込むことなく甲板上で炸裂した爆弾だけでもその被害は甚大だが、それよりも体当たりした機体が撒き散らすガソリンが爆発的に炎上し、それが各所に引火、誘爆を招いて処置なしになることが問題だと判明した。

そこで米海軍は、この爆発的な火災をいかに早く制圧するかの研究を進めた。それも部内だけで研究するのではなく、猛烈な油火災を多く経験している都市部の消防署に広く助言を求めた。これによって得たのは、消火は水流だけに頼るのではなく、水を霧状（フォッグ）にして火炎を包み込めば、より早く効率的に制圧できるという手法だった。そして消火要員から火炎に対する恐怖心を除去するため、防火仕様のヘルメットやゴーグル、自己防護用の霧状ノズルを装備することとした。さらに空母の飛行甲板には、三〇メートルおきに油火災に有効な泡消火器を設置した。

このように体当たりをされた場合に備えた受動的な対策を講じると同時に、能動的な対処法も開発された。これは昭和十九年六月のマリアナ沖海戦に原型を見出すことができる。艦隊の外縁に戦闘空中哨戒（ＣＡＰ）の帯を設け、艦上からＣＡＰ機を誘導して敵機を迎撃するシステムだ。この方式をさらに一歩進め、強力な対空レーダーを装備した駆逐艦を一列に配備してレーダー・ピケット・ラインを構成し、空中戦の経験がある士官をそこに乗艦させてＣＡＰ機を誘導、敵編隊に向かわせるというシステムが生みだされた。沖縄戦の当初、米軍は最長のもので沖縄本島から八五浬におよぶレーダー・ピケット・ラインを放射状に一六本張り出して、戦域全体をカバーした。

沖縄決戦での日本軍の作戦は、レイテ決戦と同じく特攻を主体とするものだった。それも航空機による体当たりだけではなく、ロケット推進の人間爆弾「桜花」、海軍の特攻艇「震洋」と陸軍の四式肉薄艇、そして人間魚雷「回天」と、空中、水上、水中にわたる複合的な特攻だった。これに対する連合軍はこれまた複合的な手段で対応した。これを海外の識者は、「生きようとする意思」と「死のうとする意思」が沖縄において正面から衝突し、圧倒的な物量に裏付けられた「生きようとする意思」が勝利したと総括している（ハンソン・W・ボールドウィン『勝利と敗北　第二次大戦の記録』木村忠雄、杉辺利英訳、朝日新聞社、一九六七年）。

沖縄戦における日本の戦略的な目的は、沖縄本島の固守ではなく、本土決戦準備の時間を稼ぐことにあった。そのためには、南西諸島にある第三二軍は長期持久を図らなければならない。ところがこの第三二軍の作戦構想と航空特攻作戦が求めるものが相反するので、沖縄決戦は複雑な様相を呈することとなった。

九州、台湾からの特攻による航空攻撃を成功させるには、とくに沖縄本島の海浜近くにある北飛行場（読谷《よみたん》）と中飛行場（嘉手納《かでな》）を確保し続けなければならない。もしここが早期に占領されて敵の陸上機が進出してくれば、南西諸島の戦域における米軍の航空優勢が確立し、航空特攻が困難になる。そこで当初、第三二軍は沖縄本島に師団三個と独立混成旅団一個を配備して、各飛行場を抱え込む形で防備を固めていた。

ところが昭和十九年十一月、レイテ決戦のために戦力が抽出されてしまった台湾の防衛を強化するため、沖縄から第九師団（金沢）が引き抜かれることとなった。この穴埋めとして内地から一個師団が沖縄本島に送り込まれる予定だったが、その海上輸送に不安が残るとしてすぐ取り止めとなり、沖縄本島は師団二個と独立混成旅団一個で防衛することとなった。これで第三二軍の作戦構想は根底から崩れた。

そこで第三二軍は伊江島《いえじま》の飛行場を自らの手で破壊し、北と中の飛行場はほぼ無防備とし、戦線を縮小して長期持久に徹することとした。本土決戦準備のための時間稼ぎという戦略目的にも適う理性的な作戦構想だったが、これに上級部隊の第一〇方面軍、陸海軍の航空部隊、さらには大本営すらも納得しなかった。すぐにも航空特攻が困難になるという理由からだった。戦略目的がなんであるのかを失念し、特攻という手段の達成ばかりに目が向くという、目的と手段が混交してしまったことになる。

米軍は四月一日から沖縄本島に上陸を始め、その日のうちに北と中の飛行場を制圧し、早くも七日から陸上機が進出し、戦闘に加入した。そこで第一〇方面軍は、第三二軍に対して八日から北と中の飛行場に向けての反撃を命令した。海軍はこの地上反撃に呼応して航空総攻撃の「菊水一号」作戦を六日から発動することとした。この時に戦艦「大和」を主力とする第二艦隊も沖縄に向けて出撃することとなった。

この水上特攻について、軍令部は燃料不足を理由に反対し、本土決戦のために燃料を温存することを主張した。それに対して連合艦隊の見解は、沖縄突入の成否は五分五分ながら、多少なりとも成功の可能性があれば、できることはやらねばならないというものだった。他方、実施部隊の第二艦隊としては、航空掩護など戦域の作戦環境を整えてくれとの意見だった。そこで説得に向かった連合艦隊参謀長の草鹿龍之介は、「一億特攻の魁になっていただきたい」と第二艦隊司令長官の伊藤整一（福岡、海兵三九期、水雷）に要望した。すると伊藤長官は、「そうか、それならわかった」と沖縄特攻を快諾したという。

この草鹿と伊藤のやり取りからだけでも、国宝的な存在である戦艦「大和」の「瓦全」は許されず、意味ある死所を与えようと「玉砕」のための特攻が求められたことがわかる。そうすれば国民の間で戦艦「大和」が桜花とともに散ったということが長く語り継がれることになり、そこに歴史的な意味を見出したかったのだろう。しかし、それを「一億」すなわち全国民にも求めるとなると話が飛躍する。「一億特攻」「一億玉砕」、つまり全国民がそろって戦い玉砕することが戦争の目的と化したことになるが、これも明らかに目的と手段の混交だ。

予定された四月八日からの第三二軍による地上攻勢は、五日に本島南部に米輸送船団が現れて上陸すると思われたため中止となった。第一〇方面軍は攻勢の再興を強く求め、四月八日に改めて攻勢となったが、またもや南部上陸の恐れが生じたため、再度中止となった。

そして全軍の航空総攻撃が続くなか、第三二軍としても戦略目的から導きだした合理的な作戦に固執できなくなり、四月十二日に二個師団を並列して押しだした。しかし米軍の猛烈な火力に阻止され、これといった戦果はなかった。戦力が消耗した第三二軍はそれ以降、長期持久の構えを取り、敵に出血を強要する作戦に徹していた。

しかし、全軍による航空特攻が続くなか、現地の第三二軍だけが壕《ごう》に入って長期持久に徹することもできず、五月四日に反撃に出て大損害を被った。これで第三二軍は、首里戦線を保持することができなくなり、結局は多くの避難民を抱えて南部に後退して玉砕という結果になった（米国陸軍省編『日米最後の戦闘　沖縄戦死闘の90日』外間正四郎訳、サイマル出版会、一九六八年）。

さらなる深みにはまった姿

沖縄決戦が始まる前の昭和二十年三月下旬、大本営陸軍部は「決号作戦準備要綱」を本土に展開している各方面軍に内示した。時を同じくして大本営海軍部は「帝国海軍当面作戦計画要綱」を明らかにした。どちらも戦争目的を「国体護持」および「皇土保衛」とし、本土決戦を実施するというものだった。

特攻を主体とした本土決戦で連合軍に出血を強要すれば、米国内に厭戦《えんせん》気運がみなぎり、民主主義体制のアメリカでは政府や軍としてもそれを無視できないだろうとの希望的な予測にすがろうとした。昭和十八年一月のカサブランカ会談以来の「枢軸国には無条件降伏しか認めない」というかたくなな姿勢もゆるむのではないかとも期待したのだろう。さらには欧州戦線の結末がはっきりしてきたので、連合国の継戦意思も失われるのではとの甘い観測もあった。そして和平となれば、少なくとも日米開戦時の領土は確保することができ、国体も揺るがないだろうと考えたはずだ。

南方の資源地帯との連絡が断たれ、内地の貯油タンクが空になっても日本軍が継戦意思を保てたのは、戦うことそれ自体が目的になったこともあるが、本土決戦となればそれまでの島嶼の争奪戦とはまた違った様相の戦闘になると考えたからだ。

太平洋の戦いにおいては、連合軍による攻撃はどこも奇襲となったため対処できなかったのが実情だった。ところが本土決戦となれば、上陸地点もおおよその予測は付く。まずは九州南部、続いて関東南部だ。来攻の時期についても台風シーズンや梅雨の時期を避けるのは常識だ。そしてなにより、日本本土は連合軍にとって「生地」（未知の土地）、日本軍にとって「熟地」（よく知る土地）となる。内地で戦えば民衆の支援も期待できる。

本土決戦の「決号」作戦は、ほとんどが特攻によって成り立っていた。九州南部に来攻するであろう敵上陸船団に対する特攻について、陸海軍による共同研究が昭和二十年七月初旬に行なわれた。それによると陸海軍の投入戦力は、特攻機四三〇〇機、実用機（一般機）七〇〇機、特攻艇一一〇〇隻、水中特攻の「回天」や「蛟龍《こうりゅう》」など七〇隻とされた。そして航空機の非戦闘損耗率は四〇パーセント、海上特攻の基地での損耗率は一〇パーセントと見積もられた。

それぞれの命中率は、奇襲効果が薄れており、しかも米軍の対応策が強化されていることも考慮し、フィリピン戦や沖縄戦よりも低く見積もられた。すなわち航空機で六分の一、特攻艇で一〇分の一、「回天」で三分の一、「蛟龍」で三分の二と算定された。この数字をもとにして、鹿児島の吹上浜《ふきあげはま》と志布志《しぶし》湾、宮崎海岸に来攻する第一波上陸船団の六〇〇隻以上を洋上で撃沈・撃破できると試算された。

これで敵第一波の一六個師団のうち五個師団以上を洋上や泊地で撃破できることになり、

全体の三割以上の撃破だから全滅と判断され、第一波の上陸は頓挫すると結論した。では当然予想される第二波、第三波はどうするのか。洋上や泊地で大損害を与えることは期待できないから、これは陸上戦力で迎撃、撃破して海に追い落とさなければならないことになる。

陸上での決戦は三段構えとし、戦略単位とされた師団も三つのタイプが用意された。まずは上陸適地に張り付き、海岸堡《ほ》の拡大を阻止する沿岸配備師団だ。このタイプの師団は陣地を固守する拘束連隊三個、および逆襲して防御線を回復する反撃連隊一個からなる四単位制（スクウェアー）とされた。次いで沿岸配備師団によって頭を押さえられている海岸堡に殺到し、敵を浮動状況に追い込むのが機動打撃師団だ。これは歩兵連隊三個からなり、迫撃砲を装備して機動力を重視した師団だ。そして各地から集めた優良装備の三単位制（トライアンギュラー）師団が決戦師団の位置付けになる。

敵との間合いを極端に縮め、一定の戦線というものがない紛戦状況を作為すれば、米軍が切り札としていた艦砲支援や近接航空支援を封殺できる可能性が生まれる。これで沿岸部で敵第一波を撃破するという構想だ。では第二波、第三波はどうするかだが、特攻による上陸船団への攻撃と同様、打つ手がないということだった。しかし、洋上と泊地での攻撃と沿岸部での反撃で得た戦果は、米国内に厭戦気運を生じさせるに十分だろうという判断だったように思われる。

連合軍が海岸堡を拡大し、内陸部で一定の戦線を構えてしまったならば、日本軍の敗北が確定する。その内陸部への進出を押さえることは、敵戦車の前進阻止によってのみ達成される。ところが日本軍には、前面装甲厚七五ミリの米軍主力戦車M４を正面から撃破する対戦車装備がない。そこで、ここでもまた敵戦車への体当たりが求められ、その対戦車肉薄兵器としてさまざまなものが考案された。

まず、今日なお一部の国で使われている成形炸薬を内蔵した手榴弾だ。当時は手投爆雷と呼ばれていた。炸薬六〇〇グラムを内蔵しており、目標まで一〇メートルの近さまで肉薄して投擲《とうてき》すれば、装甲厚五〇～七〇ミリの侵徹が期待できるとした。この爆雷を目標に向かって確実かつ最良の角度で炸裂させるために、長い柄を取り付けたものが刺突爆雷だ。また、座布団状の袋に爆薬と延期信管を入れ、これを戦車の突起部に引っかけて炸裂させるのが布団爆雷だ。そして梱包《こんぽう》した一〇キロ爆薬に瞬発信管を取り付け、これを背負った兵員が戦車の下に飛び込むのが急造爆雷だ。どれも肉弾での体当たりだから、機械が介在する航空特攻などよりも悲惨なものとなる。

本土決戦となってもっとも問題になるのが一般民衆の保護と、予想される戦場から一般民衆を疎開させて自由に火力が発揮できる戦場の態勢を確立することだ。サイパン戦、沖縄戦では多くの民間人を戦火に巻き込み大きな悲劇が生まれた。サイパンには二万人の邦人が残っていたが、米軍に収容されたのはそのうち一万人だった。また、昭和十九年の時点で沖縄本島の人口は四九万人だったが、軍人・軍属、戦闘従事者と誤認された者、戦火に巻き込まれた者、合わせて一一万二〇〇〇人が死亡したとされるものの、今日なお正確な犠牲者数は確定されていない。

住民疎開が困難なことを自覚していた当局は、「一億特攻」「一億玉砕」をスローガンに し始めた。「一億」、すなわち全国民が玉砕してなんの「国体護持」「皇土保衛」なのか問《と》い質《ただ》したいところだ。どうにも理解しにくい論理だが、追い詰められるとこういう極端な考え方をする性向が日本人にはあるようだ。さらには仏典の「七生」=「七たびこの世に生まれ変わる」まで援用し、「七生尽忠」「七生報国」と唱え出した。日本臣民には一度死んでもなお義務があるということらしい。

昭和二十年三月、「国民義勇隊組織に関する件」の閣議決定によって、都道府県単位での義勇隊制度が始まった。この施策を肯定的に理解すれば、国民を組織化して軍の統制下に入れ、疎開や避難の迅速化を図るためということになるだろう。とにかくなんでも統制したがるのが日本の官僚制の通弊だが、その本音は一般民衆の動員にあることは、次に行なわれた施策からも明らかだった。

昭和二十年六月に公布された「義勇兵役法」によると、男子は一五歳から六〇歳、女子は一七歳から四〇歳までが義勇兵役に服することとなった。一般民衆の交戦者化であり、これによって二八〇〇万人の動員が期待された。編成される国民義勇戦闘隊の各レベルには、戦闘隊長、戦隊長、区隊長、分隊長が置かれたが、階級はなかった。

本土決戦に臨む第一線部隊にすら小銃や銃剣が行き渡らない状況下で、国民義勇戦闘隊はどうやって武装するのか。軍が支給するのは、簡易小銃と称する先込め銃、あとは自爆が求められる布団爆雷や急造爆雷だった。自力更生の自活兵器の代表格が竹槍で、多少手がかかるのが各種の弓だ。そしてスコップなど土工具を活用しろという。たしかに接近戦ではスコップは最良の手段とされるが、それは訓練を重ねたうえでの話だ。昭和二十年七月に入ってすぐ、首相官邸でこれら国民義勇戦闘隊の兵器展示会が催された。会場を見て回った鈴木貫太郎首相（千葉、海兵一四期、水雷）は、だれに言うでもなく「これはひどい」ともらしたという。

どうしてこんな惨状になったのか。これまでにも繰り返して述べてきたが、日本人はなにかと戦う時、目的と手段を取り違えたり、ただ戦うことだけを目的としてしまうからだ。そして目的を達成したかどうかは問題ではなく、「ここまでやった、やるだけやった」という自己満足感を得られればそれでよいわけだ。いろいろと頭を働かせて努力しているようには見えるが、実のところ、精一杯やったという虚飾に満ちた空虚な満足感のためということになるらしい。これが日本人の戦い方の根底に横たわる行動原理なのだろう。

おわりに

戦争中の日本社会を支配した意識、そして日本人の戦い方や考え方を理解するために、当時叫ばれていた四文字熟語の標語あるいはスローガン、モットーといったものを意識的に多く引用してみた。そのほとんどは元号と同じく出典は漢籍だった。漢詩や漢文は人を激高させやすいと言われているが、たしかに漢字四文字の熟語は日本人を熱狂させたことがわかる。「漢心《からごころ》」は言挙《ことあ》げすると批判もされていたが、まさにその通りとなった。

米英などによる対日包囲網の圧力が高まるなか、日本で「自存自衛」をまっとうするためには対米英蘭戦を辞せずという「帝国国策遂行要領」を正式に採択するための御前会議が開かれたのは、昭和十六（一九四一）年九月六日のことだった。この席上、昭和天皇は明治天皇の御製《ぎょせい》、「四方《よも》の海　みなはらからと　思ふ世に　など波風の　立ちさわぐらむ」を読み上げ、平和を希求する姿勢を明らかにした。天皇ならではの「大和心」による意思の表明だった。

御前会議が終わり散会するにあたって、統帥部を代表して軍令部総長の永野修身は「戦わざれば亡国と政府は判断された。戦うもまた亡国であるかもしれぬ。戦わざる亡国は魂まで失った亡国である」と挨拶した。この「亡国」の出典は『史記』淮陰侯《わいいんこう》伝だから、この永野総長の発言は「漢心」からのものとしてよいだろう。

日本は古来、平仮名も使ってきたが、表現の主流は漢字だった。そのため大和心をもって漢字を使うということが広く行なわれ、それを「和魂漢才」と称していた。そして幕末から西欧の文物が入ってきて「和魂洋才」の文化が生まれていった。フランスやドイツに学んだ陸軍、イギリスに学んだ海軍は、「和魂洋才」の代表選手といったところだろう。

日本人一人ひとりの心のなかには、この和魂、漢才、洋才の三つの要素が併存している。いかにも東洋的で、宗教による縛りというものがあったとしてもごく希薄だ。そして日本人の心はこの三つのものの間を自由に行き来する。もちろん事が順調に進んでいるうちは、この三つの心が補完し合うという理想も期待できよう。

ところが困難な事態に直面すると、感情の上からもこの三つのものがぶつかり合う。いざとなると合理的な「洋才」の薄皮がすぐにはがれ、大和心に訴える「和魂」での解決を図ろうとし、それを「漢才」の言葉で表現する。まさに四文字熟語の独擅場《どくせんじょう》となる。

最終局面で日本が選択した戦い方は、体当たりの「特攻」だった。そしてその最初、海軍は本居宣長の和歌から部隊名を付けた。陸軍は軍歌「歩兵の本領」で歌われた「万朶《ばんだ》」＝［多くの枝。多くの花］を部隊名とした。これと昭和十六年九月の御前会議の出来事を重ね合わせてみると、日本人の戦い方の姿がより鮮明に浮かんでくるように思う。

混乱した用語や思想の迷路をたどりながら、三〇〇万人の犠牲を払った太平洋戦争における日本人の戦い方を探ってみた。それが将来に向けてどれほどの意味があるのかと自問しても、確たる答えがないのが正直なところだ。ただ言えることは、惨敗を喫した以上、それを学ばなければならないということだ。あれは単なる嵐や地震に襲われただけのことでもないし、指導的な立場にあった者が失敗した結果というだけでもないはずだ。敗者となってそれに学ぶ姿勢がなければ、これからもなんらかの面で敗北を重ねることになりかねないと思って筆を執ったしだいだ。

藤井非三四

二〇二三年三月

主要参考文献（とくに引用、個々に参照したものについては文中に記載）

防衛研究所編『戦史叢書』関係各巻、朝雲新聞社、一九六六〜一九八〇年
外務省編『終戦史録』新聞月鑑社、一九五二年
日本外交学会編『太平洋戦争原因論』新聞月鑑社、一九五三年
陸戦学会戦史部会編『近代戦争史概説』資料集、陸戦学会、一九八四年
外山操編『陸海軍将官人事総覧』陸軍篇・海軍篇、芙蓉書房出版、一九八一年
外山操、森松俊夫編著『帝国陸軍編制総覧』芙蓉書房出版、一九八七年
森松俊夫監修『「大本営陸軍部」大陸命・大陸指総集成』全一〇巻、エムティ出版、一九九四年
服部卓四郎『大東亜戦争全史』全八巻、鱒書房、一九五三〜一九五六年
秦郁彦編『日本陸海軍総合事典』東京大学出版会、一九九一年
日置英剛編『年表　太平洋戦争全史』国書刊行会、二〇〇五年

藤井非三四（ふじい　ひさし）

軍事史専門家。一九五〇年、神奈川県生まれ。中央大学法学部法律学科卒業。国士舘大学大学院政治学研究科修士課程修了。財団法人斯文会、出版社勤務の後、出版プロダクションＦＥＰを設立。同社代表取締役。日本陸軍史・朝鮮戦争史を専門とする。著書に『陸軍人事　その無策が日本を亡国の淵に追いつめた』（潮書房光人新社）、『二・二六帝都兵乱』（草思社）、『陸海軍戦史に学ぶ　負ける組織と日本人』（集英社新書）など多数ある。

太《たい》平《へい》洋《よう》戦《せん》争《そう》史《し》に学《まな》ぶ　日《に》本《ほん》人《じん》の戦《たたか》い方《かた》

集英社新書一一六二Ｄ

二〇二三年四月二二日　第一刷発行
二〇二三年五月二四日　第二刷発行

著者……藤《ふじ》井《い》非《ひ》三《さ》四《し》

発行者……樋口尚也

発行所……株式会社集英社

東京都千代田区一ツ橋二-五-一〇　郵便番号一〇一-八〇五〇

電話　〇三-三二三〇-六三九一（編集部）
〇三-三二三〇-六〇八〇（読者係）
〇三-三二三〇-六三九三（販売部）書店専用

装幀……原　研哉

印刷所……凸版印刷株式会社

製本所……加藤製本株式会社

定価はカバーに表示してあります。

ISBN 978-4-08-721262-4 C0221

Printed in Japan

a pilot of wisdom

集英社新書　好評既刊

歴史・地理――D

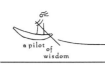

a pilot of wisdom

集英社新書　好評既刊

ゲームが教える世界の論点
藤田直哉　1149-F

社会問題の解決策を示すようになったゲーム。大人気作品の読解から、理想的な社会のあり方を提示する。

日本酒外交 酒サムライ外交官、世界を行く
門司健次郎　1150-A

外交官だった著者は赴任先で、日本酒を外交の場で活用する。そこで見出した大きな可能性とは。

シャンソンと日本人
生明俊雄　1151-F

シャンソンの百年にわたる歴史と変遷、躍動するアーティストたちの逸話を通して日本人の音楽観に迫る。

小山田圭吾の「いじめ」はいかにつくられたか　現代の災い「インフォデミック」を考える
片岡大右　1152-B

小山田圭吾の「いじめ」事件を通して、今の情報流通様式が招く深刻な「インフォデミック」を考察する。

日本の電機産業はなぜ凋落したのか　体験的考察から見えた五つの大罪
桂 幹　1153-A

世界一の強さを誇った日本の電機産業の凋落の原因を、最盛期と凋落期を現場で見てきた著者が解き明かす。

永遠の映画大国 イタリア名画120年史
古賀 太　1154-F

日本でも絶大な人気を誇るイタリア映画の歴史や文化を通覧することで、豊かな文化的土壌を明らかにする。

江戸の芸者 近代女優の原像
赤坂治績　1155-F

陰影に富んだ世界があったが、歴史教科書には見当たらない江戸の女性芸能。本書はその成立と盛衰に迫る。

反戦川柳人 鶴彬の獄死
佐高 信　1156-F

反骨の評論家が、反戦を訴え二十九歳で獄死した川柳人・鶴彬の生きた時代とその短い生涯、精神を追う。

日本のカルトと自民党 政教分離を問い直す
橋爪大三郎　1157-C

宗教社会学の第一人者がカルト宗教の危険性を説き、民主主義と宗教のあるべき関係を明快に解説する。

クラシックカー屋一代記
涌井清春　構成・金子浩久　1158-B

コレクターで販売も行う著者が、自動車の歴史、文化・機械遺産としてのクラシックカーの存在意義等を語る。